Oussama Berkati
Achraf Kharraz

Amélioration du flux de production et conception d'un banc de test

Oussama Berkati
Achraf Kharraz

Amélioration du flux de production et conception d'un banc de test

Éditions universitaires européennes

Impressum / Mentions légales
Bibliografische Information der Deutschen Nationalbibliothek: Die Deutsche Nationalbibliothek verzeichnet diese Publikation in der Deutschen Nationalbibliografie; detaillierte bibliografische Daten sind im Internet über http://dnb.d-nb.de abrufbar.
Alle in diesem Buch genannten Marken und Produktnamen unterliegen warenzeichen-, marken- oder patentrechtlichem Schutz bzw. sind Warenzeichen oder eingetragene Warenzeichen der jeweiligen Inhaber. Die Wiedergabe von Marken, Produktnamen, Gebrauchsnamen, Handelsnamen, Warenbezeichnungen u.s.w. in diesem Werk berechtigt auch ohne besondere Kennzeichnung nicht zu der Annahme, dass solche Namen im Sinne der Warenzeichen- und Markenschutzgesetzgebung als frei zu betrachten wären und daher von jedermann benutzt werden dürften.

Information bibliographique publiée par la Deutsche Nationalbibliothek: La Deutsche Nationalbibliothek inscrit cette publication à la Deutsche Nationalbibliografie; des données bibliographiques détaillées sont disponibles sur internet à l'adresse http://dnb.d-nb.de.
Toutes marques et noms de produits mentionnés dans ce livre demeurent sous la protection des marques, des marques déposées et des brevets, et sont des marques ou des marques déposées de leurs détenteurs respectifs. L'utilisation des marques, noms de produits, noms communs, noms commerciaux, descriptions de produits, etc, même sans qu'ils soient mentionnés de façon particulière dans ce livre ne signifie en aucune façon que ces noms peuvent être utilisés sans restriction à l'égard de la législation pour la protection des marques et des marques déposées et pourraient donc être utilisés par quiconque.

Coverbild / Photo de couverture: www.ingimage.com

Verlag / Editeur:
Éditions universitaires européennes
ist ein Imprint der / est une marque déposée de
OmniScriptum GmbH & Co. KG
Bahnhofstraße 28, 66111 Saarbrücken, Deutschland / Allemagne
Email: info@omniscriptum.com

Herstellung: siehe letzte Seite /
Impression: voir la dernière page
ISBN: 978-3-8417-4474-6

بسم الله الرحمن الرحيم

« رب اشرح لي صدري ويسر لي أمري

وأحلل عقدة من لساني يفقهوا قولي »

سورة طه

صدق الله العظيم

ربنا علمنا ما ينفعنا ونفعنا بما علمتنا إنك
أنت العليم الحكيم

دعاء نبوي

Résumé

Ce projet vise à accomplir deux objectifs, l'amélioration du flux de production de la ligne 1103 et l'automatisation et la conception d'un banc de test des filtres EMC.

Pour le premier objectif on a visé trois aspects ; La réduction de scrap en appliquant l'AMDEC processus et la mise en place d'une carte de contrôle pour le processus du test électrique, l'amélioration de la disponibilité via l'application de l'AMDEC machine sur les équipements de la production pour déduire les plans de maintenance préventive systématique pour chaque machine et par une amélioration de la gestion du stock des pièces de rechange, et enfin la réduction du temps de changement de série.

Le deuxième objectif concernant l'automatisation et la conception d'un banc de test de filtres, on a visé à protéger les opérateurs qui s'interviennent lors du test de la rigidité électrique par la conception d'un banc de test en plastique, aussi à réduire la durée du test qui se fait manuellement et ainsi augmenter la cadence de la production grâce à une interface en LabVIEW. Enfin, on a donné accès aux traces de test des filtres via le réseau de l'entreprise grâce à la base de donnée crées sous Access.

Mots clés

Analyse des modes de défaillance, de leurs effets et de leur criticité - Carte de contrôle - Maintenance corrective - Maintenance préventive - Maintenance préventive systématique - Maitrise statistique des procédés(MSP) - Scrap - Pièces de rechange - Point de Commande - Stock de Sécurité - Compatibilité ElectroMagnétique -Interface Homme Machine - Laboratory Virtual Instrument Engineering Workbench - Virtual Instrument Software Architecture

Abstract

This project aims to accomplish two objectives: improving the workflow of the line 1103 and the automation and the design of a testbed EMC filters.

For the first objective we targeted three aspects; Reducing scrap by applying the FMEA process and the establishment of a control chart for the process of electrical testing, improving availability through the application of FMEA machine equipment production to derive the systematic preventive maintenance schedules for each machine and by improving inventory management of spare parts, and finally reducing the changeover time series.

The second objective for automation and design a test bench of filters, it aimed to protect the operators which occur when the electric strength test by designing a test bench plastic, also reduce the duration of the test that is done manually and thus increase the rate of production through a LabVIEW interface. Finally, it was given access to trace filter testing via the corporate network through the database created in Access.

Keywords

Analysis Failure Modes, Effects and Criticality - Control card - Corrective maintenance - Preventive maintenance - Preventive maintenance routine - Statistical Process Control (SPC) - Scrap - Spare Parts - Control Point - stock safety - Electromagnetic Compatibility, Human Machine Interface - Laboratory Virtual Instrument Engineering Workbench - Virtual Instrument Software Architecture

ملخص

يهدف هذا المشروع إلى تحقيق هدفين: تحسين سير العمل في خط 1103، والتشغيل الآلي، وتصميم عازل كهربائي للمرشحات نوع EMC.

عن الهدف الأول استهدفنا ثلاثة جوانب، الحد من الخردة من خلال تطبيق عملية FMEA وإنشاء مخطط السيطرة على عملية الاختبار الكهربائية، وتحسين توافر من خلال تطبيق FMEA إنتاج معدات آلة للتوصل إلى منهجية جداول الصيانة الوقائية لكل آلة، وتحسين إدارة المخزون من قطع الغيار، و أخيرا خفض سلسلة وقت التغيير.

الهدف الثاني يخص تصميم مقعد اختبار لجميع أنواع المرشحات، والتي تهدف لحماية المستخدم المسؤول عن اختبار القوة الكهربائية, ذلك عن طريق تصميم عازل الاختبار الكهربائي من البلاستيك ، وأيضا خفض فترة الاختبار التي تتم يدويا، وبالتالي زيادة معدل الإنتاج من خلال واجهة إنسان-آلة.و أخيرا، تمت إتاحة الوصول إلى تتبع اختبار المرشحات عبر شبكة الشركة من خلال قاعدة بيانات تم إنشاؤها في Acces .

الكلمات الاساسية

وسائط فشل التحليل والآثار والحرجية -بطاقة التحكم - الصيانة التصحيحية -الصيانة الوقائية -الصيانة الوقائية الروتينية - التحكم في العمليات الإحصائية - خردة -قطع غيار - نقطة التحكم -مخزون السلامة -التوافق الكهرومغناطيسي، واجهة آلة الإنسان -مختبر الهندسة الآلة الإفتراضية طاولة العمل -هندسة البرمجيات الظاهري الصك

Liste des abréviations :

AMDEC : Analyse des modes de défaillance, de leurs effets et de leur criticité

MSP : Maitrise statistique des procédés

AFNOR : Association française de normalisation

LCS : Limite de contrôle supérieure

LCI : Limite de contrôle Inférieure

LC/ Limite de Contrôle

PDCA : Plan, Do, Check, Act.

8D : 8 Do.

5P : 5 Pourquoi

SMED : Single Minute Exchange of Die

MTTR : Mean time to Repair

MTBF : Mean Time Between Failures

ARM: Advanced Risc Machine

ADI: Analog Devices, Inc

CEM: Compatibilité ElectroMagnétique

DSP : Digital Signal Processor

EMI: ElectroMagnetic Interference

EPP/ECP: Enhanced Parallel Port/Enhanced Capability Port

GOOP: Graphical Object Oriented Programming

GPIB: General Purpose Interface Bus

IHM: Interface Homme-Machine

LabVIEW: Laboratory Virtual Instrument Engineering Workbench

LCD: Liquid Crystal Display

OCR: Optical Character Recognition

PCI: Peripheral Component Interconnect

PDA: Personal Digital Assistant

PLC: Power Line Communication

UDL: Universal Data Link

VI: Virtual Instrument

VME: Virtual Machine Environment

VISA: Virtual Instrument Software Architecture

À mes très chers parents à qui je dois tout

À tous ceux qui me sont chers

Berkati Oussama

À ma très chère mère Ouafae

Aucune dédicace ne saurait exprimer tout ce que je ressens pour toi. Je te remercie pour tout le soutien exemplaire et l'amour exceptionnel que tu me portes depuis mon enfance et j'espère que ta bénédiction m'accompagnera toujours.

À mon cher père Abdesselam

Ton soutien et tes sacrifices m'ont fait devenir ce que je suis aujourd'hui, Que Dieu le tout puissant te préserve et te procure santé et longue vie.

À mes frères Oussama Aymane et ma sœur Nessrine

Tous ce que nous avons vécu ensemble restera gravé dans ma mémoire et me servira de soutien moral durant toute ma vie, que ce travail soit pour vous l'expression de ma gratitude et de toute mon affection.

À toute ma famille et tous mes amis

Je vous remercie d'avoir été auprès de moi et je vous offre ce modeste travail.

Achraf KHARRAZ

Remerciements

En préambule à cette mémoire, nous souhaitons adresser nos remerciements les plus sincères aux personnes qui nous ont apporté leur aide et qui ont contribué à l'élaboration de cette mémoire ainsi qu'à la réussite de cette formidable année universitaire.

Nous tenons à remercier sincèrement Monsieur **AHMED BENBEZZA** Ingénieur responsable du service maintenance et Monsieur **YASSINE BELRHADI** ingénieur process, qui se sont toujours montrés à l'écoute et très disponibles tout au long de la réalisation de notre stage, ainsi pour l'inspiration, l'aide et le temps qu'ils ont bien voulu nous consacrer et sans qui ce travail n'aurait jamais vu le jour.

Nos remerciements s'adressent également à M. **TAYEB AOUICH**, M. **HASSAN CHIDOUD**, M.**ABEDELAH SELOUANI**, M.**IMAD MRABET** et M.**ALI ARFAOUI**, pour leur générosité et leur grande patience dont ils ont su faire preuve malgré leurs charges professionnelles.

Notre gratitude s'adresse également à Madame **ALIA ZAKRITI** et Monsieur **MUSTAPHA SANBI** pour leur encadrement pédagogique très consistant, ainsi que pour l'intérêt avec lequel ils ont suivi la progression de notre travail et pour leurs conseils efficients.

Nos vifs remerciements s'adressent également à tout le corps professoral de l'Ecole Nationale des Sciences Appliquées de Tétouan.

Vers la fin, il nous est très agréable d'exprimer toutes nos reconnaissances à l'ensemble du personnel de l'usine PREMO Méditerranée: cadres, employés et opérateurs pour leur soutien, leur aide et, surtout, pour leur sympathie. Qu'ils trouvent ici l'expression de notre profonde reconnaissance et notre profond respect.

Sommaire

Liste des figures

Liste des tableaux

Introduction générale

Dans un milieu industriel caractérisé par une compétitivité acharnée, l'entreprise se trouve aujourd'hui, plus que jamais, dans l'obligation de satisfaire les impératifs: Productivité, Qualité, Coût et Délai. Afin de conserver cet équilibre, elle cherche à éliminer toutes les anomalies existantes dans le système de son travail, partant du principe que tout problème est une opportunité d'amélioration.

À cet égard, notre projet de fin d'études effectué au sein de la société PREMO Méditerranée a deux objectifs, l'amélioration du flux de production de la ligne 1103 et la conception et l'automatisation d'un banc de test de filtres EMC.

Ainsi nous avons été accueillis au sein de la société PREMO Méditerranée de Tanger au département Production/Ingénierie pour effectuer notre stage de fin d'études qui s'inscrit dans le cadre de projet de fin d'études pour l'obtention du diplôme d'ingénieur d'Etat en Mécatronique à l'ENSA-Tétouan.

Le présent rapport décrit la démarche adoptée pour la réalisation de notre projet, qui a été structuré de la façon suivante :

Dans le premier chapitre nous commencerons par une présentation de l'organisme d'accueil PREMO Méditerranée, ensuite nous élaborerons un descriptif détaillé du contexte du projet et de ses objectifs.

Le deuxième chapitre sera consacré au premier objectif qui est l'amélioration du flux de production de la ligne 1103. Nous commencerons par la présentation des outils théoriques utilisés, et après on verra en détail la démarche suivie, en commençant par la réduction du taux de scrap puis l'augmentation de la disponibilité des machines de production et enfin la réduction du temps de changement de série.

Dans le troisième et dernier chapitre, nous entamerons notre deuxième objectif concernant l'automatisation et la conception d'un banc de test des filtres EMC. Nous présenterons en premier lieu la problématique et le cahier des charges ainsi que quelques généralités sur les filtres EMC. Ensuite nous donnerons une description détaillée du matériel et des outils informatique utilisés et on terminera par la présentation de la réalisation pratique.

Chapitre I

Présentation de la société et contexte générale du projet

Dans ce chapitre nous présenterons la société PREMO méditerranée ainsi qu'une vue générale sur les deux axes de notre projet.

I-1) Présentation de la société :

I-1-1) Présentation du Groupe PREMO : [13]

Le Groupe PREMO jouissant de plus de 45 ans d'expérience est un fabricant international de composants inductifs. Il est en fait l'un des trois plus grands exportateurs de composants électroniques espagnols et un leader mondial des antennes RFID de basse fréquence. PREMO s'est consolidé comme un holding et emploie plus de 500 personnes à travers le monde. Le chiffre d'affaires de la compagnie a été de 28 million d'euros en 2008.

Le Groupe offre une large gamme de produits et services formés des composants RFID, des inductifs, PLC et filtres. PREMO soutient ses clients dès la première étape du design. Un ingénieur hautement qualifié est assigné à chaque nouveau produit/ Project.

PREMO développe et fabrique des produits de haute qualité ayant des applications sur les secteurs stratégiques comme l'industrie automobile, les énergies renouvelables et le secteur ferroviaire.

a) La mission de PREMO :

Le design, la fabrication et la vente des composants électroniques et électromagnétiques.

b) La vision de PREMO :

Être un leader européen et l'un des leaders mondiaux de la technologie en composants électromagnétiques.
Être un des leaders des composants inductifs ayant une approche attrayante dans les principaux marchés et industries en Europe.

c) L'histoire de PREMO :

PREMO, S.A. a été fondée en 1962 afin de développer et fabriquer des postes de télévision et les composants inductifs utilisés dans ces derniers. Cependant, huit ans plus tard PREMO a abandonné la production de postes de télévision et s'est spécialisée dans ce qui allait devenir l'activité principale de tout le groupe: la fabrication et l'exportation des composants inductif. Le premier point de vente à l'étranger fût établi en France en 1982.

En 1981, PREMO s'été divisée en plusieurs sociétés spécialisées dans différents secteurs de composants inductifs. Les sociétés suivantes ont été créées:

- Premium, S.A. (L'Hospitalet de LLobregat - Barcelone, 1981 : sources d'alimentation électriques)
- Predan, S.A. (Málaga, 1989 : composants RFID)

- Nuctor, S.A. (L'Hospitalet de LLobregat - Barcelone, 1989 : composants inductifs)
- Powertransfo, S.A. (L'Hospitalet de LLobregat - Barcelone, 1991 : transformateurs de puissance)
- Prefilter, S.A. (L'Hospitalet de LLobregat - Barcelone, 1991 : filtres RFI).

Une étape importante a été franchise lorsqu'un nouveau centre R&D et une usine ont été ouverts dans Parc Technologique de l'Andalousie (Málaga, Espagne) en 1995 dédiés à la fabrication des composants RFID. Sous la marque Predan, la vente de composants RFID a expérimenté un vrai boom, devenant le produit phare du Groupe PREMO.

En 1999 expansion étrangère débute avec l'ouverture des bureaux de vente aux États-Unis. Le Groupe PREMO se fait représenté dans six états à travers trois réseaux commerciaux.

Cependant, ce n'est qu'en 2001 que le Groupe PREMO commence à se consolider comme une véritable entreprise multinationale. Cela se concrétise par l'ouverture d'un nouveau site industrielle dans la ville chinoise de Wuxi, près de Shanghai. Ce site s'avère être le plus grand centre de production du Groupe PREMO à ce jour. Il emploie plus de 254 salariés parmi lesquels 8 ingénieurs en R&D. Grand nombre de produits PREMO sont fabriqués dans cette usine.

Avec l'ouverture du site chinois, les différentes sociétés formant le Groupe PREMO commencent à ressentir le besoin de commercialiser et vendre leurs produits sous la même marque, sans toutefois perdre leur autonomie. En vertu de ce désir, une nouvelle image de la marque est développée avec une version moderne du logo PREMO conservant la couleur rouge, couleur officielle de PREMO, S.A. Les sociétés mères PREMO, Predan et Powertransfo, Prefilter, Nuctor et Premium vendent désormais sous la nouvelle image de marque.

En 2004, le Groupe PREMO a ajouté une nouvelle gamme de produits à son catalogue : les produits PLC. Il s'agit des inducteurs, des transformateurs, des instruments de contrôle et d'autres dispositifs particulièrement conçus pour la transmission de données à travers le réseau électrique publique. C'est une activité très prometteuse vu que le coût des télécommunications est appelé diminuer tandis que la vitesse de transmission augmentera considérablement à la différence des réseaux de télécommunications traditionnelles. Le développement et la fabrication des produits PLC se feront sur le site de Málaga.

Figure 1 : Site industriel à Tanger.

En 2006, PREMO ouvre un nouveau site industriel à Tanger, Maroc.

En 2008, PREMO se consolide comme un holding et un fabricant mondial des composants inductifs.

I-1-2) Présence mondiale :

PREMO est une compagnie dont l'objectif est d'être toujours près de ses clients grâce à un réseau mondiale de production, R&D et les ventes.

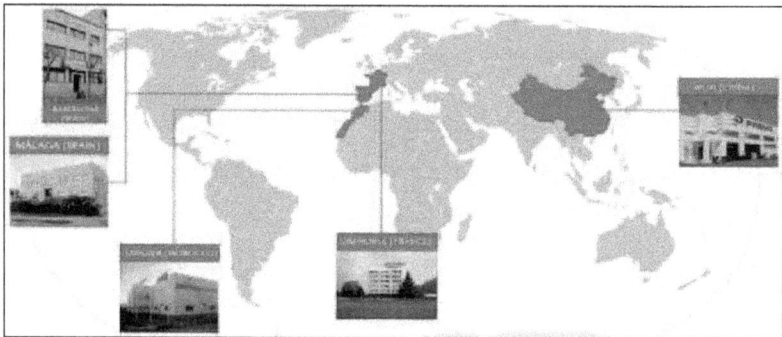

Figure 2 : Réseau mondiale de production, R&D.

Siège social: Barcelone, Espagne.

Centres de design:

Barcelone, Espagne: centre de conception des composants inductifs, de la technologie planaire et des filtres EMI.

Málaga, Espagne : produit RFID pour l'industrie automobile. Ce centre a son propre laboratoire d'essai.

Grenoble, France: PREMO France développe la technologie du secteur avionique.

Sites de production:

Wuxi, Chine: la plus grande usine du groupe PREMO. Une véritable chaine de design de haute qualité des composants inductifs, RFID, PLC et filtres CEM.

Tanger, Maroc: fabrication des produits RFID, filtres CEM, transformateurs toroïdaux de puissance.

Réseau mondial des ventes :

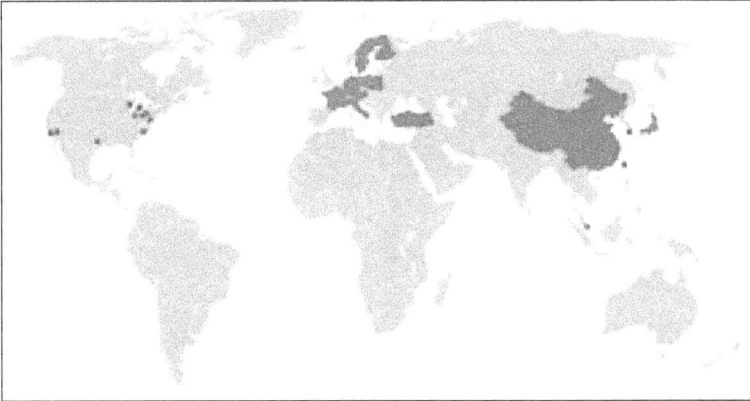

Figure 3: Réseau mondial des ventes.

Représentation des ventes en Asie : La Chine, Le Japon, Singapour, La Corée du sud, Taiwan.

Représentation des ventes en Europe: Autriche, Finlande, France, Allemagne, Pologne, Suède, Suisse, Turquie.

Représentation de ventes aux États Unis: Californie et Nevada, Floride, Indiana, Michigan, New Hampshire, Caroline du nord, Ohio, Pennsylvanie, Texas, Wisconsin.

I-1-3) Organigramme de PREMO Méditerrané :

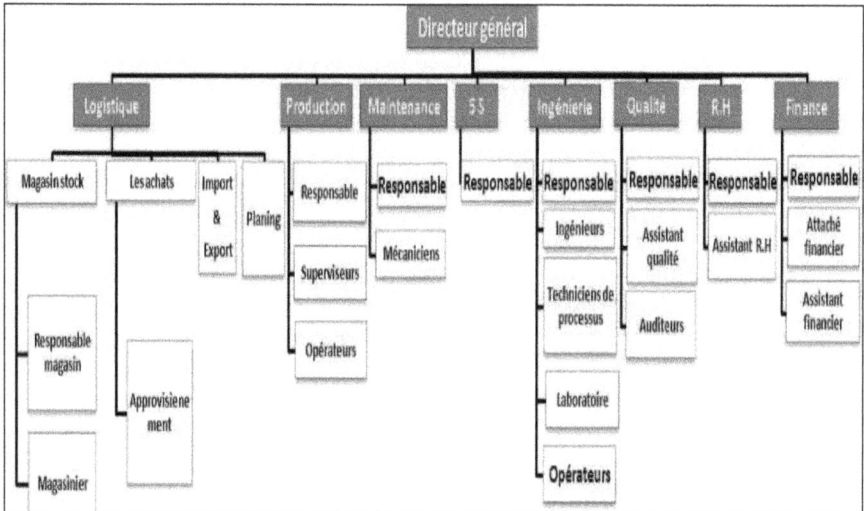

Figure 4: Organigramme Premo-Tanger.

I-2) Contexte général du projet:

I-2-1) Amélioration du flux de production de la ligne 1103 :

a) Le taux de scrap :

Le scrap est un terme en anglais qui signifie rebut ou bien pièce non conforme, il est considéré le premier souci du département de la production et de la qualité, vu son impact sur la cadence de production, et sur le coût de revient.

Ainsi une implantation d'une démarche analytique est nécessaire pour y remédier à ce problème, ceci va constituer le premier objectif de notre démarche pour l'amélioration du flux de production.

Nous commencerons par l'application de la méthode AMDEC processus pour éliminer toutes les causes potentielles de défaut ou de défaillance qui arrivent au cours du processus de fabrication et qui ont un impact sur la qualité du produit

Ensuite nous allons mettre en œuvre une carte de contrôle pour le processus du test électrique, pour nous permettre de maitriser la variabilité des mesures de l'inductance de la pièce.

b) La disponibilité des machines de la ligne 1103 :

Le respect des plans de production nécessite le maintien des équipements de production en conditions optimaux, ceci dit il faut améliorer leurs disponibilité, pour le faire on a opté à suivre deux voies.

En premier lieu, nous allons appliquer la méthode AMDEC machine sur les équipements de production, ensuite nous allons élaborer leurs plans de maintenance préventive systématique.

En second lieu, nous continuerons par l'amélioration de la méthode de gestion de stock actuelle (Voir liste des figures dans l'annexe A : Figure 3) qui présente plusieurs restrictions. Pour bien les situer nous avons élaboré le diagramme cause-effet (Diagramme d'Ishikawa) pour illustrer la répartition des causes de la mauvaise gestion actuelle de stock sur les 5 M :

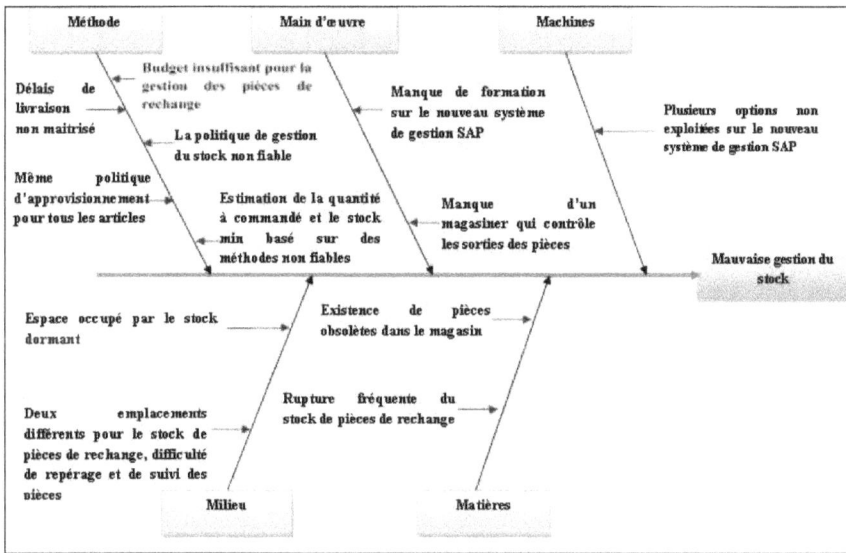

Figure 5 : Diagramme D'ISHIKAWA illustrant les causes de la mauvaise gestion de stock

Les objectifs de base planifiée pour la gestion du stock des pièces de rechange :

- La détection des pièces de rechange obsolètes dans le magasin.
- La détermination des articles les plus critiques, les articles à très fortes consommation, ou aux articles en grand nombre chez un même fournisseur.
- L'adoption d'une politique d'approvisionnement fiable pour les articles étudiés.
- L'élaboration d'un logiciel, assurant le suivi de l'activité de gestion de stock des pièces de rechange par l'outil Matlab.
- L'adoption d'une méthode et d'un dispositif de rangement des pièces de rechange au magasin.

d) Le temps de changement de série :

Le temps passé dans le changement d'outils aux moments de changements de série représente un aspect non maitrisé par le département de la production sachant qu'en utilisant des astuces simples et non coûteuses on peut gagner énormément en terme de productivité.

I-2-2) Le test électrique :

a) Problématique :

Le test des filtres EMC est effectué manuellement, vu qu'il n'y a aucun équipement qui supporte la diversité de forme des filtres. Cette opération manuelle est très dangereuse vue qu'il y a risque de choc électrique sur l'opérateur en l'absence d'une protection, aussi bien elle consomme un temps précieux de la main d'œuvre.

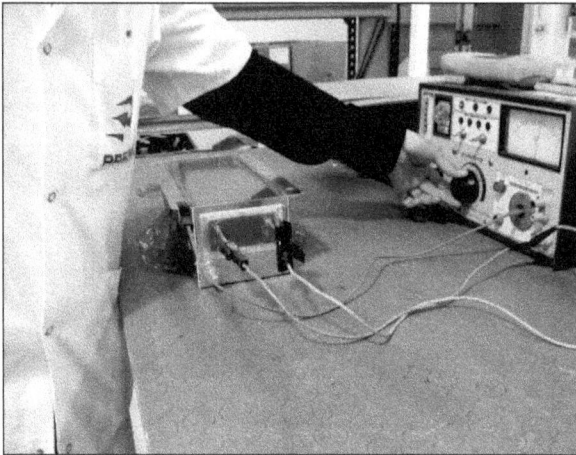

Figure 6 : Un opérateur en train d'effectuer le test de la rigidité sans aucune protection

b) Objectif du projet :

- Conception d'un outil de test qui assure la protection pour l'operateur lors du test de la rigidité diélectrique des filtres.
- Réalisation d'un programme de commande et de monitoring en LabVIEW .

I-2-3) Planification des tâches:

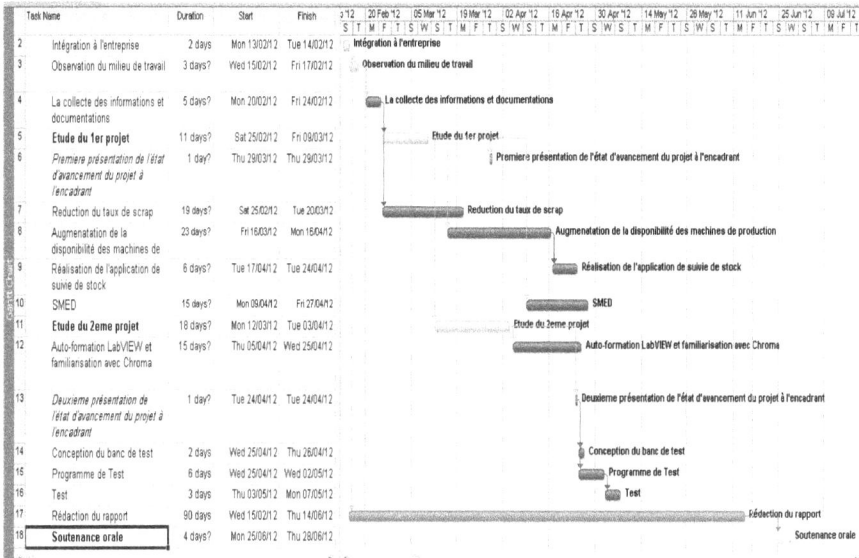

Figure 7: Diagramme GANTT.

Le diagramme de GANTT présenté ci-dessus, jouait le rôle du fil conducteur tout au long du projet. Il nous a permis d'ajuster les dérives et de maitriser la gestion du temps alloué pour la réalisation du projet. Les livrables des différentes phases de ce planning servent de documentation pour le projet et nous ont servis à la rédaction de ce rapport.

I-3) Conclusion:

On a mis notre projet dans son contexte, en commençant par la présentation de la société PREMO, puis en donnant une vue générale sur nos objectifs et sur les différentes étapes qu'on va aborder dans la suite du rapport.

Chapitre II

Amélioration du flux de production de la ligne 1103

> Dans ce chapitre nous détaillons la démarche suivie pour améliorer le flux de production, en commençant par une petite vue sur les outils théoriques utilisés, puis leur mise en œuvre dans le cadre des trois objectifs suivants : diminution du taux de scrap, augmentation de la disponibilité des machines et enfin la réduction du temps de changement de série.

II-1) Définitions des outils utilisés :

II-1-1) AMDEC : Analyse des Modes de Défaillance, de leurs Effets et de leur Criticité : [1]

L'AMDEC est une méthodologie qui vise à transformer la maintenance corrective en maintenance prédictive. Elle doit permettre d'évaluer la fiabilité d'un matériel en analysant dans un premier temps de façon systématique les défauts que peut présenter ce matériel au cours de son utilisation puis d'améliorer dans un deuxième temps la fiabilité en modifiant les éléments susceptibles de causer ces défauts (actions correctives).

La méthode AMDEC a été développée selon plusieurs approches :

- AMDEC « produit » : concerne le produit dans sa phase de conception et vérifie sa conformité au cahier des charges (étude des composants delà nomenclature).

- AMDEC « processus » : concerne les produits par rapport à sa réalisation et permet de vérifier l'impact du processus sur la conformité du produit (étude des opérations de la gamme de fabrication).

- AMDEC « ressource de production » : concerne la fiabilité des moyens utilisés dans la fabrication des produits. Il est à rapprocher dans le cas des machines du TRS (taux de rendement synthétique).

II-1-2) Maintenance industrielle : [10][14]

Le maintien des équipements de production est un enjeu clé pour la productivité des usines aussi bien pour la qualité des produits. L'objectif de cette partie est de définir la maintenance et les normes utilisées

- D'après Larousse: La maintenance est l'ensemble de tous ce qui permet de maintenir ou de rétablir un système en état de fonctionnement.

- D'après L'Association française de Normalisation (AFNOR X 60-010-1994)

- Ensemble des activités destinées à maintenir ou à rétablir un bien dans un état ou dans des conditions données de sûreté de fonctionnement, pour accomplir une fonction requise. Ces activités sont une combinaison d'activités technique, administratives et de management.

Types de la maintenance industrielle :

Maintenance corrective (extrait de la norme AFNOR X 60-010-1994) : Ensemble des activités réalisées après la défaillance d'un bien ou la dégradation de sa fonction, pour lui permettre d'accomplir une fonction requise, au moins provisoirement.

Maintenance préventive (extrait de la norme AFNOR X 60-010-1994)
Maintenance ayant pour objet de réduire la probabilité de défaillance ou de dégradation d'un bien service rendu.

On peut subdiviser la maintenance préventive en trois types :

- *la maintenance systématique*, maintenance préventive exécutée à des intervalles de temps préétablis ou selon un nombre défini d'unités d'usage mais sans contrôle préalable de l'état du bien, (extrait norme NF EN 13306 X 60-319).
- *la maintenance conditionnelle:* maintenance préventive basée sur une surveillance du fonctionnement du bien et/ou des paramètres significatifs de ce fonctionnement intégrant les actions qui en découlent, (extrait norme NF EN 13306 X 60-319).
- *la maintenance prévisionnelle:* maintenance partant de la surveillance de l'état du matériel et de la conduite d'analyses périodiques pour déterminer l'évolution de la dégradation du matériel et la période d'intervention.

II-1-3) Maitrise statistique des procédés : [17]

Est l'ensemble des méthodes et des actions permettant d'évaluer de façon statistique les performances d'un procédé de production, et de décider de le régler, si nécessaire, pour maintenir les caractéristiques des produits stables et conformes aux spécifications retenues.

La MSP est une méthode préventive qui vise à amener le procédé au niveau de qualité requis et à le maintenir grâce à un système de surveillance/cartes de contrôle.

La mise en place du MSP implique la démarche suivante :

1   Choisir le domaine d'application (Pièces, Machines).
2   Analyser les causes de variabilité du procédé.
3   Choisir les paramètres à surveiller (Xmoy, R, S).
4   Choisir le type de carte de contrôle (Xmoy, R).
5   Mettre en place les cartes de contrôle provisoires.
6   Rechercher et supprimer les causes assignables.
7   Calculer les nouvelles limites des cartes de contrôle.
8   Calculer les indices de capabilité du procédé (Cp, Cpk).
9   Effectuer un suivi et améliorer.

Carte de contrôle :

Il y'a deux types de carte de contrôle :

Carte de contrôle par mesures :

-Carte X- Etendue mobile.

-Carte Moyenne-Etendue :

Le calcul des limites de contrôle se fait de la façon suivante :

Pour la carte des moyennes :

$$LCS = \overline{\overline{X}} + A_2 \overline{R}$$
$$LC = \overline{\overline{X}}$$
$$LCI = \overline{\overline{X}} - A_2 \overline{R}$$

Avec :

$$\overline{X} = \sum_{i=1}^{n} \frac{x_i}{n} \quad ; \quad \overline{\overline{X}} = \sum_{i=1}^{k} \frac{\overline{x}_k}{k} \quad ;$$

Pour la carte des étendues :

$$LSC_R = D_4 \overline{R}$$
$$LC_R = \overline{R}$$
$$LIC_R = D_3 \overline{R}$$

$$\overline{R} = \sum_{i=1}^{k} \frac{R_i}{k} \quad ;$$

A2, D3 et D4 dépend de la taille de l'échantillon.

LCS : Limite de Contrôle Supérieure

LCI : Limite de Contrôle Inférieure

LC : Limite de Contrôle

-Carte Moyenne-Ecart-type.

Carte de contrôle par attributs :

- Carte p : carte de contrôle pour la proportion (%) de non -conformes (défectueux).
- Carte np : carte de contrôle pour le nombre d'unité non -conformes (défectueux).
- Carte c : carte de contrôle pour le nombre de non -conformités (défauts).
- Carte u : carte de contrôle pour le nombre moyen de non-conformités par sous groupe.

Critère de capabilité :

La capabilité se mesure par le rapport entre la performance réelle d'une machine ou d'un système de production et la performance exigée.

- Capabilité intrinsèque du procédé

Cp = Intervalle de Tolérance / Dispersion du procédé= (Ts-Ti)/6σ

Cet indicateur compare la performance attendue du procédé (l'intervalle de tolérance) et la performance obtenue sur celui-ci (la dispersion).

- Capabilité réelle du procédé **Cpk=min[(Ts-X)/3 σ ; (X -Ti)/3σ].**

L'indice C pk tient compte de la dispersion et du centrage du procédé.

- Interprétation de C p et C pk :

Un procédé, pour être capable, ne doit pas produire des articles défectueux. Le critère de base pour la capabilité sera donc le Cpk qui inclut à la fois le Cp et le déréglage du procédé.

Un procédé est capable si son Cpk est supérieur à 1,33; Mais il ne faut pas pour autant négliger le Cp.En effet, en comparant pour un procédé le Cp et le Cpk, nous pouvons obtenir de précieux renseignements. En cas de réglage parfait, on vérifie aisément que Cp = Cpk. En revanche, plus le déréglage est important et plus la différence entre Cp et Cpk devient importante.

L'objectif des opérateurs sera donc d'avoir un Cpk le plus proche possible du Cp.

II-1-4) Six sigma : [2]

Six Sigma, c'est assimiler les multiples facettes d'une approche d'amélioration de la performance de l'entreprise résolument tournée vers la satisfaction des clients dans un but affiché de meilleure rentabilité économique de l'entreprise

C'est une méthode de résolution de problèmes en suivant la démarche DMAICS (Définir, Mesurer, Analyser, Innover/Améliorer, Contrôler, Standardiser) permettant de réduire la variabilité sur les produits.

Etapes	Objectifs/Taches	Résultats attendus	Outils principaux
Définir	Définir le projet : -Les gains attendus -Le périmètre du projet -Les responsabilités	Charte du projet Cartographie générale Planning et affectation des ressources	QQOQCP Benchmarking SIPOC
Mesurer	-Définir les moyens de mesure -Mesurer les variables -Collecter les données	Cartographie détaillée du processus Capabilité des moyens et du processus	Analyse processus Diagramme Ishikawa Matrice Causes-Effets Maîtrise Stat. Des procédés
Analyser	-Etablir les relations entre les variables d'entrée et de sortie du processus	Compréhension du processus Preuves statistiques	Statistique descriptive Nuages de points Plans d'expériences
Innover / Améliorer	-Imaginer les solutions -Sélectionner les pistes d'améliorations prometteuses	Processus pilote Détermination des caractéristiques à mettre sous contrôle	Plans d'expériences AMDEC Vote pondéré
Contrôler	-Mettre la solution retenue sous contrôle -Formaliser le processus	Rédaction des modes opératoires Carte de contrôle Indicateurs de performance	Maîtrise statistique des procédés Auto maîtrise

Tableau 1: Démarche DMAIC

II-1-5) PDCA (Roue de deming) : [3]

Objectif :

Générer un état d'esprit d'amélioration continue.

Enjeux :

Améliorer une situation existante.

Visualiser l'état d'avancement des actions d'un plan de progrès.

Atteindre les objectifs fixés.

Principe :

La roue de Deming, ou PDCA, est une démarche d'amélioration continue en quatre étapes :

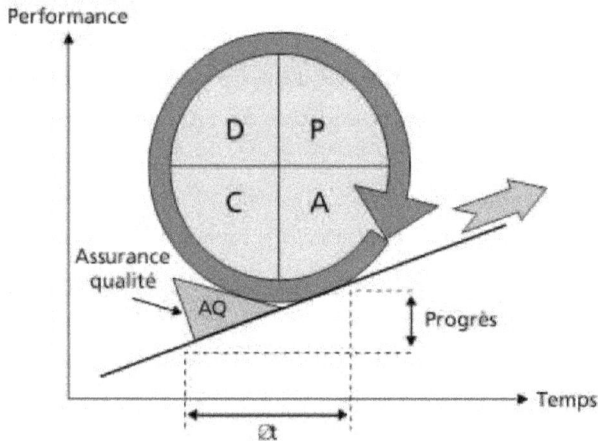

Figure 8: Roue de Deming

- P = Plan (planifier) : Poser le problème; Mesurer l'écart entre la situation initiale et l'objectif, rechercher les causes de l'écart (problème), rechercher des solutions pour atteindre l'objectif, planifier la mise en œuvre des solutions.
- D = Do (faire) : Mettre en œuvre les solutions.
- C = Check (vérifier) : Si les solutions mises en œuvre permettent d'atteindre les objectifs fixés.
- A = Act (consolider) : Corriger le tir si les résultats attendus ne sont pas obtenus, poursuivre l'action dans la direction choisie et consolider les résultats.

II-1-6) 8D : [15]

Le 8D est une démarche qualité qui permet d'éradiquer un problème au sein d'une entreprise ou organisation. 8D est le raccourci anglais pour 8 DO (8 actions à réaliser). Les 8 actions à entreprendre en cas de problème ponctuel sont les suivantes :

1 Préparation du processus 8D

2 Description du problème

3   Identification et mise en place des actions immédiates

4   Identification des vraies causes du problème

5   Validation des actions correctives permanentes

6   Implémentation des actions correctives permanentes

7   Prévention contre toute récidive

8   Félicitation des équipes de travail déployées

II-1-7) 5P : [3]

C'est un outil de questionnement systématique qui permet de remonter aux causes premières d'un dysfonctionnement ou d'une situation observée.

Les 5 «pourquoi» s'utilisent aussi bien dans le domaine du curatif que dans le domaine du préventif. Le nombre 5 est symbolique, ce peut être plus ou moins. L'important est de mener une investigation le plus en profondeur possible.

II-1-8) SMED : [16]

Le SMED est une méthode d'organisation qui cherche à réduire de façon systématique le temps de changement de série, avec un objectif quantifié. (**Norme AFNOR NF X 50-310**).

La démarche repose essentiellement sur la distinction qui doit être faite entre les opérations internes et les opérations externes.

Opérations internes : Opérations devant être réalisées obligatoirement machine arrêtée.

Opérations externes : Opérations pouvant être réalisées lorsque la machine est en marche.

La démarche d'étude et de recherche de solutions se déroule en 4 étapes :

1   Identifier : Lister les opérations réalisées, les décrire précisément et quantifier chacune d'elles.

2   Séparer : Séparer les opérations internes et les opérations externes.

3   Convertir : analyse des opérations internes et recherche des solutions pour les convertir en opérations externes.

4   Réduire : Recherche de solutions pour réduire les opérations internes non convertibles.

II-1-9) Aperçu sur la gestion du stock: [4]

a) Définition du stock :

Selon le Plan Comptable Général, le «stock» peut être défini comme «l'ensemble des biens qui interviennent dans le cycle d'exploitation de l'entreprise pour soit être vendus en l'état ou au terme d'un processus de production à venir ou en cours, soit être consommés au premier usage». Ainsi, parler de stock veut dire parler de marchandises, d'approvisionnements ou de produits.

b) Gestion du stock :

L'objectif de la gestion des stocks est de réduire les coûts de possession (stockage, gardiennage, ...) et de passation des commandes, tout en conservant le niveau de stock nécessaire pour éviter toute rupture de stock, pouvant entraîner une perte d'exploitation préjudiciable. Pour cela l'entreprise doit définir des indicateurs précis, et contrôler le mieux possible les mouvements de stocks et leur état réel.

- **Méthode ABC (Principes de base) :**

La méthode ABC convient à toutes les situations où il faut placer des activités en ordre de priorité. Son principe de base repose sur le fait qu'un petit nombre d'articles (~20%) représente souvent l'essentiel de la valeur stockée (~80%).

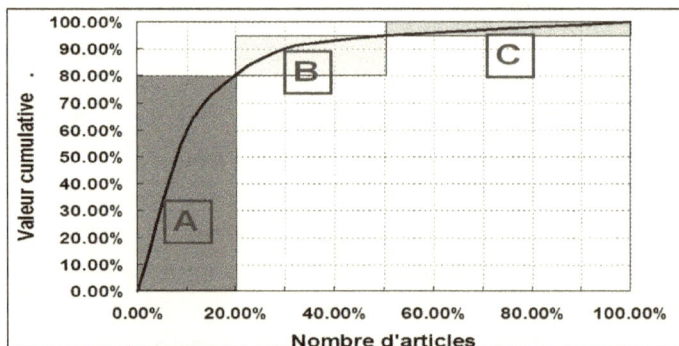

Figure 9: Analyse ABC

La méthode d'analyse ABC permet de distinguer les articles qui nécessitent une gestion élaborée de ceux pour lesquels une gestion plus globale est suffisante.

- **Les indicateurs de gestion des stocks :**

Pour une bonne maîtrise de ses stocks, l'entreprise utilise différents indicateurs de gestion des stocks :

Stock de sécurité : c'est la quantité en dessous de laquelle il ne faut pas descendre.

Stock d'alerte : c'est la quantité qui détermine le déclenchement de la commande, en fonction du délai habituel de livraison.

Stock minimum : c'est la quantité correspondant à la consommation pendant le délai de réapprovisionnement.

Stock minimum = stock d'alerte – stock de sécurité

Stock maximum : il est fonction de l'espace de stockage disponible, mais aussi du coût que représente l'achat par avance du stock.

-   **Les méthodes de gestion des stocks :**

Afin de définir la politique d'approvisionnement le responsable approvisionnements s'attachera à répondre aux questions suivantes :

-   Quel article commander ?
-   Quand commander ?
-   Combien commander ?

Puis, selon son organisation et les caractéristiques de l'article, il définira si les commandes doivent faire l'objet de quantité et date, fixes ou variables.

Les méthodes les plus couramment utilisées peuvent regrouper sous les catégories suivantes :

	Période fixe	Période variable
Quantité fixe	Quantité économique de commande	Gestion à point de commande
Quantité variable	Recomplétement calendaire	Politique mixte – réapprovisionnement à la commande

Tableau 2: Les méthodes de réapprovisionnement.

Méthode du point de commande (quantités fixes et dates variables)

Elle consiste à commander la quantité économique lorsque le stock diminuant atteint le stock d'alerte ou niveau de réapprovisionnement (N.D.R.). Ceci se présente graphiquement de la façon suivante:

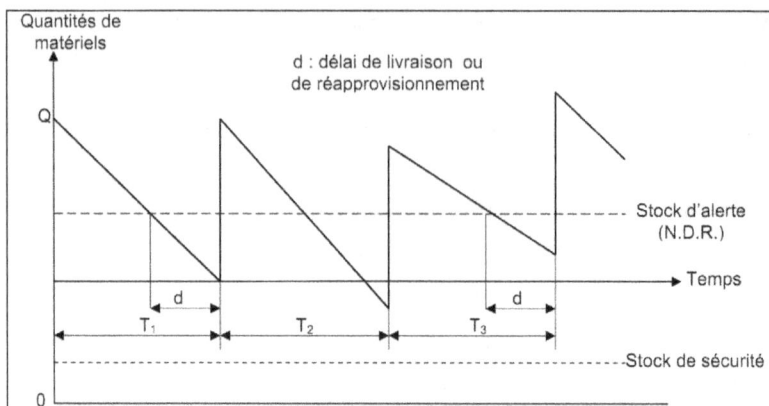

Figure 10 : Méthode du point de commande

Il existe une formule pour permettre de calculer ce fameux point de commande, cette quantité minimale du produit où une passation de commande au Fournisseur est judicieuse. Cette formule d'une efficacité redoutable, la voici :

PC=C x d + Ss

- C : la consommation moyenne par unité de temps,
- d : délai d'approvisionnement de l'article,
- Ss : stock de sécurité,

Calcul du stock d'alerte

Sa= C_d+Ss

- C_d : Consommation moyenne pendant le délai de livraison ;
- Ss : Stock de sécurité pendant le délai de livraison.

Calcul du stock de sécurité

$$S_s = k.\sigma.\sqrt{d}$$

- d : délai de livraison ou d'approvisionnement
- σ : écart type de la distribution des quantités sorties mensuellement
- k : nombre d'écarts types correspondant au niveau de la couverture souhaitée

P	5 %	2,5 %	1 %	0,5 %
k	1,65	1,96	2,33	2,58

Tableau 3: le risque de rupture de stock en fonction de K.

P est le risque de rupture.

Les quantités commandées peuvent être calculées grâce à la formule de la quantité économique (formule de Wilson).

$$Qe = \sqrt{\left(\frac{2 \times A \times C}{U \times T}\right)}$$

Avec,

- Qe : quantité économique.
- A : consommation annuelle
- C : coût administratif de
  passation de commande

- U : coût unitaire
- T : taux par an de possession de stock (en%)

Méthode Recomplètement (quantités variables et dates fixes)

Cette méthode consiste à recompléter de façon régulière le stock pour atteindre une valeur Qm

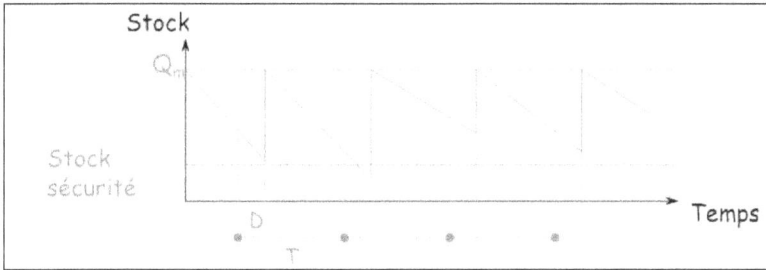

Figure 11 : Méthode Recomplètement

Le stock de sécurité se calcule de la même façon que pour la méthode du point de commande, mais on doit tenir compte en plus de la périodicité T0, ainsi :

$$S_s = k\,\sigma\,\sqrt{d + T_0}$$

k est le nombre correspondant au risque de rupture du stock.

Réapprovisionnement fixe (période et quantité fixes)

Il peut être utilisé pour les articles de faibles valeurs (catégorie C de l'analyse ABC) dont la consommation est régulière.

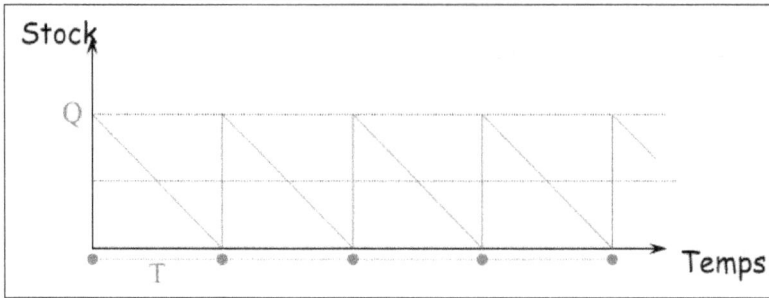

Stock
Q
T
Temps

Figure 12: Méthode Réapprovisionnement fixe

Il est possible de prévoir un stock de sécurité Ss, cela dépend du type et du coût des articles.

Approvisionnement par dates et quantités variables :

Cette méthode consiste à commander une quantité variable, à des dates variables. Les articles concernés sont les articles coûteux de la catégorie A dont les prix varient et présentent un caractère plus ou moins spéculatif ou stratégique (métaux et diamants en particulier..)

La conception et les conditions d'utilisation doivent être telles que la probabilité de rupture devienne très improbable. Des études de sécurité peuvent être menées pour connaître la conduite à tenir dans ces cas-là (par exemple, analyse par arbre de défaillance).

c) **Prévisions**

L'outil appelé prévisions a pour but d'estimer une consommation future à partir de la connaissance d'un historique.

Une prévision est une interprétation d'un historique, lequel est constitué par une série d'observations effectuées à dates fixes et classées chronologiquement. On parle de séries temporelles ou chroniques. Ces observations portent le plus souvent sur des commandes ou des consommations, d'articles ou de produits. Elles sont exprimées en quantités, en volumes, en longueurs, en poids ou en francs.

Parmi les méthodes possibles, on retiendra :

Méthode de lissage exponentiel

Cette méthode peut-être appliquée à une majorité de type de consommation et ne nécessite pas la conservation d'historique.

Elle consiste à établir la prévision du mois suivant en corrigeant la dernière prévision d'une partie de l'écart entre la réalisation effective et cette dernière prévision.

La formule de calcul de la prévision est la suivante :

P(i+1) = P(i) + a (R(i)- P(i))

P(i+1) : prévision de consommation pour le mois (i+1) établie à la fin du mois (i)

P(i) : prévision de consommation pour le mois (i) établie à la fin du mois (i-1)

R(i) : consommation réelle pour le mois (i)

a : coefficient de lissage pouvant varier entre -1 et 1 mais généralement choisi entre 0,1 et 0,3.

II-2) Description du processus de fabrication de la ligne 1103 :

La fabrication des produits à Premo –Tanger est répartie en zones de production (chaque zone pour un type spécifique de produit), dans ces zones on trouve des lignes de production.

Le produit qui fait objet de ce projet fait partie de la catégorie « RFID Components », et il port la désignation suivante : **SDTR1103**

Figure 13: La bobine SDTR1103

Afin d'avoir le produit finale, la bobine SDTR 1103 doit passer par 5 étapes décrit par la suit :

Etape 1 : Agrafage

Le plastique (matière première) est introduit à l'agrafeuse grâce au vibrateur, de l'autre coté les filets d'étain sont introduits à l'aide du rouleau tournant. Les plastiques arrivant du vibrateur sont chargés sur le plateau tournant, puis ils sont agrafés de deux coté par le filet d'étain, enfin les plastiques agrafés sont déchargés dans la boite de décharge pour subir à l'assemblage.

Etape 2 : Assemblage

Dans cette étape la matière première ferrite (noir) est mise sur des tablettes d'aluminium, puis une colle est injectée sur les ferrites. Dans cet ordre les plastiques agrafés sont posé sur les ferrites, ensuite ils passent à la fourre. Après cette étape le produit assemblé est près être bobiné.

Etape 3 : Bobinage

Les noyaux de ferrite provenant de l'assembleuse sont mis à l'intérieur du vibrateur qui les transmet vers les mandrins de bobinage. D'autre part le fil de cuivre supporté par le remontoir guidé par l'aiguille est enroulé sur le noyau de ferrite à l'aide des mandarins. Puis le produit semi fini passe à la mouleuse.

Etape 4 : Moulage

C'est la dernière étape avant l'emballage du produit. Les bobines sont insérées dans des cavités en plastique où un adhésif bleu est injecté. Ensuite les bobine passe par un fourre qui solidifier l'adhésif.

Etape 5 : Emballage

La dernière étape qui reste est le test électrique, où les bobines sont déchargées des cavités à l'aide d'un Pick&place de décharge. Ensuite ils passent à la station de test électrique qui mesure l'inductance et les facteurs qualité des bobines. Enfin, les bobines déclarées défectueuses sont rejeté, et Les non défectueux se déplacent sur une bande transporteuse vers le deuxième Pick&place qui les place sur la bande CARRIER. La bande CARRIER est scellée avec la bande COVER dans la station de scellage.

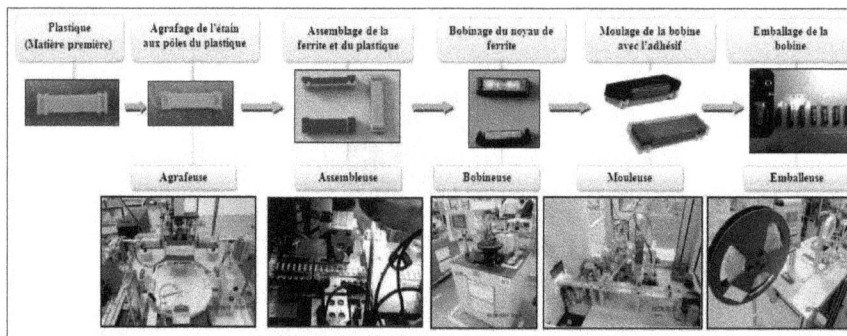

Figure 14: Les étapes de fabrication de la bobine SDTR1103

II-3) Mise en œuvre de la démarche :

II-3-1) Réduction du taux de scrap :

a) Analyse des données :

Avant de se mettre main en ouvre avec notre démarche pour la réduction du scrap, il est nécessaire d'analyser l'historique du taux de scrap, et aussi de prendre conscience des différentes non conformités.

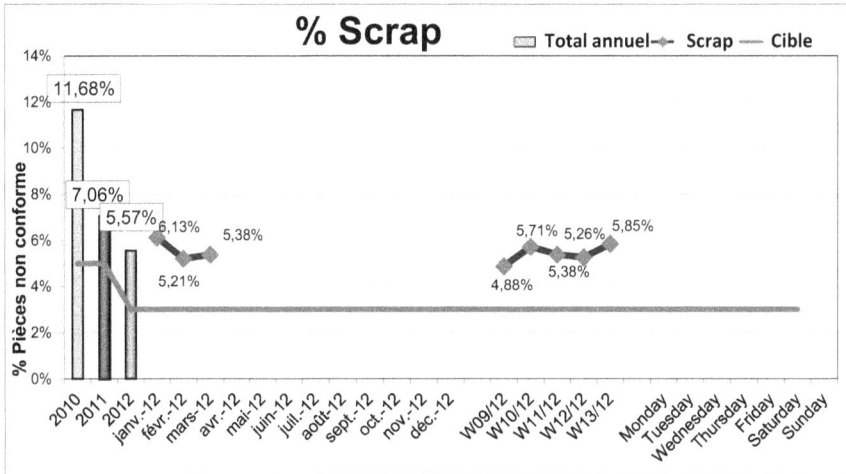

Figure 15 : historique du taux de scrap

Le passage du taux de scrap de 11.68% depuis 2010 à 7.06% en 2011, reflète une évolution positive des efforts fournis par le département de la production, mais malgré ca, ces efforts restent insuffisants, vu que le taux de scrap est encore loin de la cible qui est 3%.

Maintenant nous allons voir les types de non conformités que la pièce peut avoir :

Non-conformité
Moulage incomplet: distribution non uniforme de l'adhésif ou bien le moulage monte jusqu'à la surface de la bobine
Fil Libre/collé
Par terre : les produits semi fini (ferrites) tombent par terre ou à l'intérieur des machines le long du processus de fabrication à cause de leur petites dimensions
Fil hors Zone
Mal position moulage : moulage sur la mauvaise surface
Fil court
Bride NOK : agrafe Non OK
Moulage sur Bride : Moulage sur agrafe
Fil cassé/Coupé
Test électrique : inductance de la pièce en dehors des limites de tolérance
Mal Aligné : l'assemblage de la ferrite et le plastique n'est pas bien aligné
Bobinage NOK : bobine ouverte
Plastique brulé
Ferrite cassée Fissure

Tableau 4: Les types de non conformités de la pièce

Après nous sommes proposé d'analyser l'historique récent en nous basant sur les statistiques du mois de Janvier, et pour faire ceci nous avons utilisé le diagramme de PARETO, ce qui nous a donné le graphe suivant :

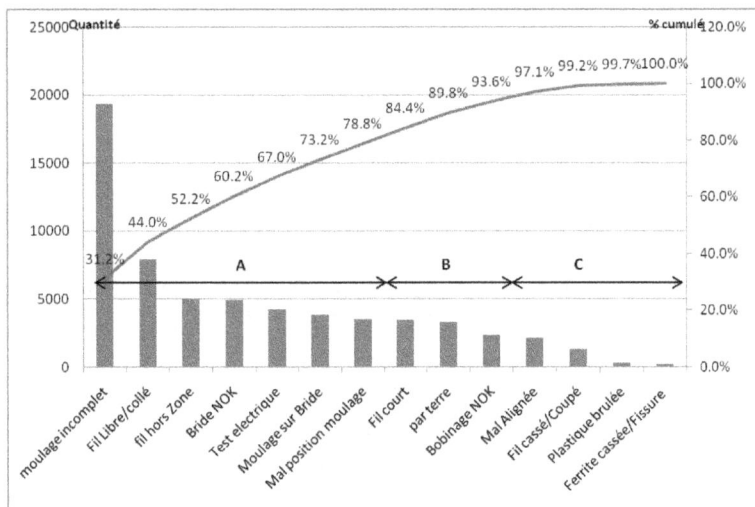

Figure 16: Diagramme Pareto des non conformités du mois de Janvier

D'après le graphe on constate que approximativement 80% des non conformités est présentées par les défauts suivants :

- moulage incomplet.
- Fil Libre/collé.
- fil hors Zone.
- Bride NOK.
- Test électrique.
- Moulage sur Bride.
- Mal position moulage.

Alors que 20% qui reste est représentée par :
- Fil court.
- Par terre.
- Bobinage NOK.
- Mal Alignée.
- Fil cassé/Coupé.
- Plastique brulée.
- Ferrite cassée/Fissure.

b) AMDEC processus :

Décomposition fonctionnelle du processus :

La première étape de notre démarche AMDEC consiste à une décomposition fonctionnelle du processus pour pouvoir assimiler toutes les opérations du processus de fabrication, pour faire cela on a proposé de réaliser un diagramme de flux. C'est un outil schématique qui permet de simplifier le flux de production, par sa décomposition en opérations simples. cartographie regroupant toutes les données nécessaires, y compris les entrées et les sorties de chaque opération ainsi que sa valeur ajoutée.

Opération	Fabrication	Déplacer	Stocker/Obtenir	Inspecter	Rejeter (scrap)	Description de l'opération	Entrée du processus	Sortie du processus
Approvisionnement						Réception de la matière première - contrôle d'entrée	Matière première	Matière première approuvée
Agrafage						Monter les agrafes sur le plastique	Plastique + fil d'étain	Plastique agrafé
Assemblage						Coller le plastique agrafé sur la ferrite	Plastique agrafé + Ferrite	Plastique et Ferrite collé
						Cuire l'assemblage dans le four	Plastique et Ferrite collé	Ferrite (produit semi-fini), assemblage fini
Bobinage-Soudage						Bobiner et souder les pièces	Ferrite + fil du cuivre	Pièce bobinée
Moulage						Mouler les pièces bobinées	Pièce bobinée + Adhésif du moulage	Pièce moulée
						Cuire la pièce dans le four	Pièce moulée	Pièce avec moulage fini
Inspection visuelle						Inspecter les pièces avec microscope	Produit fini	produit conforme + Scrap
Test électrique						Mesurer l'inductance des pièces	Produit fini	produit conforme + Scrap
Emballage						Emballer les pièces dans la bande transporteuse	Produit fini	Produits emballés
Etiquetage						Coller l'étiquete suivant le nombre des pièces	Produits emballés	Produits emballés étiquetés
Livraison						Expédier la livraison		

Tableau 5: Diagramme du flux de production de la ligne 1103

Grille de cotation :

Les grilles de cotation que nous avons adopté pour nos trois coefficients, gravité, fréquence et la non-détection sont les suivantes :

Tableau – Indice de gravité G		
Gravité (G)	**Gravité de la défaillance**	**G**
Inexistante	Aucune perturbation du flux, effet nul / le client ne s'aperçoit de rien.	1
Mineure	Perturbation mineure du flux, défaut remarqué par les clients exigeants.	2
moyenne	Quelques perturbations du flux pouvant provoquer quelques rebuts, effet irritant pour l'utilisateur pouvant engendrer des frais de réparations modérés.	3
Majeure	Perturbation du flux élevé avec d'importants rebuts, Effet provoquant un grand mécontentement du client	4
Dangereux	Effet impliquant des problèmes de sécurité en fabrication, et remettant en cause la sécurité de l'opérateur.	5

Tableau 6: Grille de cotation de la gravité

Tableau – Indice de fréquence F		
Fréquence (F)	**Fréquence d'apparition de la défaillance**	**F**
Rare	Défaillance rarement apparue (exemple : un défaut par an)	1
Faible	Défaillance faiblement apparue (exemple : un défaut par trimestre).	2
Moyenne	Défaillance occasionnellement apparue (exemple : un défaut par mois)	3
Fréquente	Défaillance fréquemment apparue (exemple : un défaut par semaine)	4
Très fréquente	Défaillance très fréquente, (exemple : un ou plusieurs défaut par jour)	5

Tableau 7: Grille de cotation de la fréquence

Tableau – Indice de non-détection D		
Non-détection (D)	**Non-détection de la défaillance**	**D**
A l'œil nu	Très faible probabilité de ne pas détecter le défaut (contrôle automatique à 100% des pièces, Poka yoke)	1
Par un examen simple	Faible probabilité de ne pas détecter le défaut (le défaut est évident)	2
Par un examen détaillé	Probabilité modérée de ne pas détecter le défaut (contrôle manuel de l'aspect ou dimensionnel)	3
Par une analyse	Probabilité élevée (lorsque le contrôle est subjectif ou contrôle par échantillonnage non adapté)	4
Indétectable	Probabilité très élevée (pas de contrôle prévu ou critère non contrôlable ou défaut non apparent)	5

Tableau 8: Grille de cotation de la non-détection

Mise en œuvre et synthèse :

Après l'analyse des mécanismes de défaillance, et l'évaluation de la criticité, on a proposé des actions correctives et ensuite on a donné une estimation des nouvelles valeurs de la criticité, ainsi on a pu réaliser notre tableau AMDEC processus.(voir Annexe A, liste des tableaux, tableau 1)

Les actions recommandées nous ont permis d'estimer les nouvelles valeurs de l'indice de priorité de risque (criticité), on nous basant sur la nature de cette action et sur le coté à lequel il agit qu'il soit la gravité de la défaillance, la fréquence ou la non-détection.

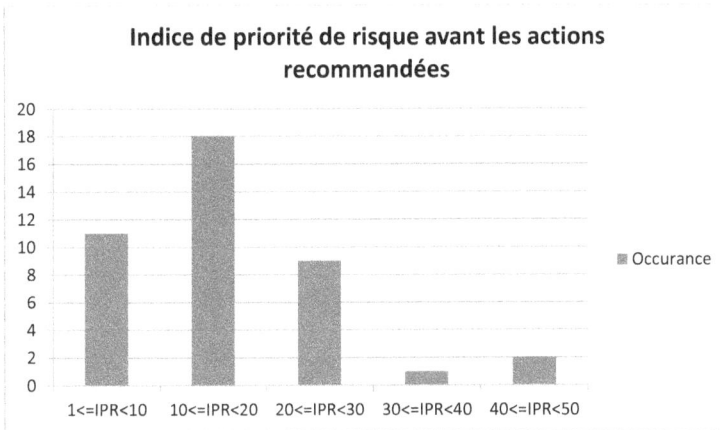

Figure 17: Indice de priorité de risque avant les actions recommandées

Nous constatons qu'un grand nombre de défaillance a un indice de priorité entre 10 et 30, on constate aussi l'existence de quelques défaillances qui ont un indice de priorité entre 30 et 50 et qui sont considérés critique.

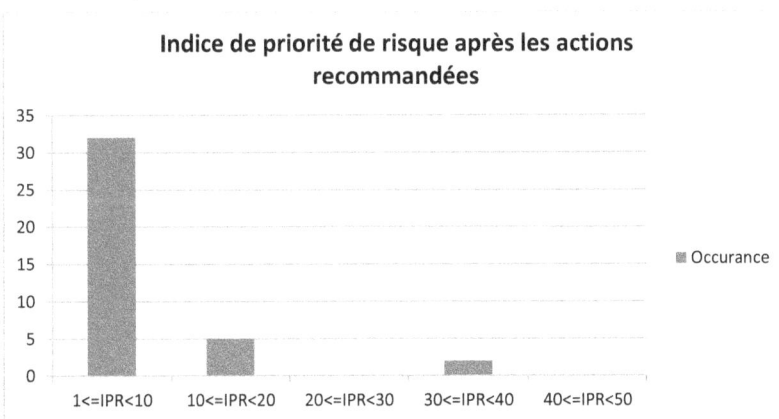

Figure 18: Indice de priorité de risque après les actions recommandées

L'estimation des indices de priorité de risque après les actions recommandées nous donnent une distribution concentrée dans l'intervalle compris entre 1 et 10, ce qui montre qu'on aura une diminution importante des criticités des défaillances lors d'une application correcte des actions recommandées.

Suivi du plan d'action :

Le plan d'action que nous avons déduit à partir de l'application de la méthode AMDEC, se devise en deux catégories : actions correctives et action préventives.

Défaillance	Cause	Actions correctives	Etat d'avancement
Moulage incomplet	Après l'injection du moulage dans le carrier, la pièce se met dans le carrier et le moulage couvre sa base et ses parties latérales mais à cause de l'augmentation de la température, sa viscosité augmente aussi, et fait que le moulage couvre aussi la surface de la pièce.	Mettre en place un régulateur de température	Conclue
	Pour la pièce qui a un nombre de spires très grands par rapport aux autres (le code ALPS) ses dimensions sont plus grandes, ce qui fait que quand la pièce est mise dans le carrier la distribution de moulage est non uniforme.	Moulage avec un carrier (moule) plus large	
	L'inspection visuelle peut engendrer le rejet des pièces conformes, due à la différentiation de l'interprétation des limites d'acceptation des défauts pour le manque du moulage.	Réviser les pièces rejetées par manque du moulage par le département de la qualité pendant une semaine, et lors de la détection d'un problème, informer l'operateur pour éliminer ses ambiguïtés	Conclue
	Chute de pression dans le circuit pneumatique de l'injecteur du moulage	mettre en place un régulateur de pression	Conclue
Moulage mal Position	le pick & place prend la pièce à partir des mandrins de la bobineuse et la met sur le convoyeur, et si sa hauteur est mal ajustée il peut la mettre à l'envers.	Révision et ajustement des Pick &Place	Conclue
Fil libre/collé	La détérioration de l'état de surface des diamants influe sur la précision du soudage et par conséquence donne des fils libre ou collé.	Changement des diamants	Conclue
Par terre	Les pièces sont jetées par terre au niveau du vibreur qui alimente la machine de bobinage, cela est due au fait que même si le vibreur linéaire de l'alimentation est plein, le vibreur ne s'arrête pas et cela peut faire tomber les pièces par terre.	Installation d'un senseur pour la détection de remplissage du vibreur linéaire de l'alimentation, une fois que la piste est pleine, le vibreur s'arrête	

	Lors du chargement des pièces au niveau de la machine de bobinage, le piston peut lever inadéquatement la pièce vers les mandrins et la jette par terre	Installation d'un senseur de détection de la présence des pièces avant le chargement sur mandrins	_____
	Après le bobinage de la pièce, le P&P prend la pièce du mandrin pour la mettre sur le convoyeur, si le P&P est mal ajusté, il peut mettre la pièce hors du convoyeur.	Révision des P&P sur la ligne de la production	Conclue
Mal aligné	Plastique et ferrite non alignée	Ajout d'un outil d'alignement longitudinal (même mécanisme que celui utilisé pour l'alignement transversal)	_____
Test électrique	Inductance de la pièce en dehors des limites de tolérance	Mise en place d'une carte de contrôle	Conclue
Plastique brulé	Paramètres inconvenable de la pression et de la température dans le dispositif du soudage	Utilisation d'un plastique thermodurcissable	_____

Tableau 9: Actions correctives de l'AMDEC processus

On remarque que le tiers des actions n'a pas été appliqué, ceci à cause du manque des moyens financiers.

Défaillance	Cause	Action préventive systématique	Fréquence*
Agrafe non fermée	Agrafeuse non ajustée, les restes de la poussière métallique des agrafes	Nettoyage périodique des outils de l'agrafeuse	M
1 ou 2 agrafes manquants	Outil de coupage des fils d'étain cassé	Surveillance périodique du fonctionnement des capteurs	M
Plastique cassé	déréglage de l'agrafeuse	surveillance du fonctionnement des capteurs	M
Agrafe déformée	déréglage de l'agrafeuse	Nettoyage périodique de l'outil de l'agrafage	J
Ferrite Brisé dans le processus pick & place	Tête de pick & place frappe la ferrite contre la plaque	Surveillance périodique du fonctionnement des capteurs	M
Ferrite collé sur le mauvais côté	Mauvaises vibrations du chargeur de ferrites	Révision périodique du fonctionnement du chargeur de ferrites	T
Mauvaises pièces sont considérées comme des bons	Incompatibilité du système d'éclairage	Vérifier le système d'éclairage	T
ferrite-plastique non alignés	Trop de jeu dans l'outillage de montage	Nettoyage périodique de l'outil	S

Assemblage brûlé ou non collé	Température incontrôlée dans le four	Vérifier la température dans le four	M
fil collé/libre	Température non suffisante au point de soudure due à une imprécision de la tête du diamant soudure	Nettoyage du diamant de soudure	J
Fil court	Désalignement entre la tête de soudage et la bobine	Révision des paramètres d'alignement de la machine du soudage	M
Plastique brulé	Paramètres inconvenable de la pression et de la température dans le dispositif du soudage	Ajustement des paramètres de la pression et de la température dans le mécanisme du soudage	S
Fil coupé	Désalignement entre la tête de soudage et le bord de l'agrafe	Ajustement des paramètres de la pression et de la température dans le mécanisme du soudage	S
Bulles sur la surface supérieure	Quantité de colle n'est pas suffisante / Problème dans l'unité de distribution	Purger le circuit pneumatique de l'injecteur de moulage	M
Des restes de l'adhésif demeurent incuit	Défaillance dans le fonctionnement du four	Surveillance du fonctionnement du four	M
La pièce moulé sur le mauvais côté	le pick & place prend la pièce à partir des mandrins de la bobineuse et la met sur le convoyeur, et si sa hauteur est mal ajustée il peut la mettre à l'envers	Révision et ajustement des P&P	M
Pièce ne respecte pas les spécifications électriques (mauvaise inductance)	L'équipement est n'est pas bien corrélé ou calibré à la fréquence du fonctionnement	Inclure étalonnage dans le plan de maintenance préventive	S

Tableau 10: Actions préventives de l'AMDEC processus

M : mensuel T : trimestriel S : hebdomadaire J : journalier

Ces actions sont introduites dans le plan de maintenance préventive systématique (voir Annexe A, Liste des tableaux, tableau 2), ce plan comporte d'autres actions qui sont déterminées dans une partie ultérieure qu'on va aborder dans la suite de notre rapport.

c) Mise sous contrôle du processus du test électrique suivant la démarche DMAIC du 6 sigma :

Définir :

Le processus du test électrique permet de mesurer l'inductance du transpondeur, c'est une caractéristique primordiale dans le fonctionnement de la pièce chez l'utilisateur.

Donc on va mettre en œuvre une carte de contrôle des moyennes et des étendues pour suivre cette caractéristique, en nous basant sur les notions de la MSP (maîtrise statistique des processus), ce qui nous va permettre de diminuer la variabilité de l'inductance en effectuant des actions de surveillance et d'amélioration.

On a choisi d'appliquer cette démarche sur le produit X-D0750-010 qui a les caractéristiques suivantes :

Lnominal=2.66   Lmax=2.79   Lmin=2.5

Mesurer :

Pour observer notre processus, on a pris 20 échantillons de 5 pièces, un échantillon chaque 15 minutes, puis on tracer la carte de contrôle des moyennes et des étendues, après avoir calculé les limites de contrôles. (Voir Annexe A, Liste des tableaux, tableau 3)

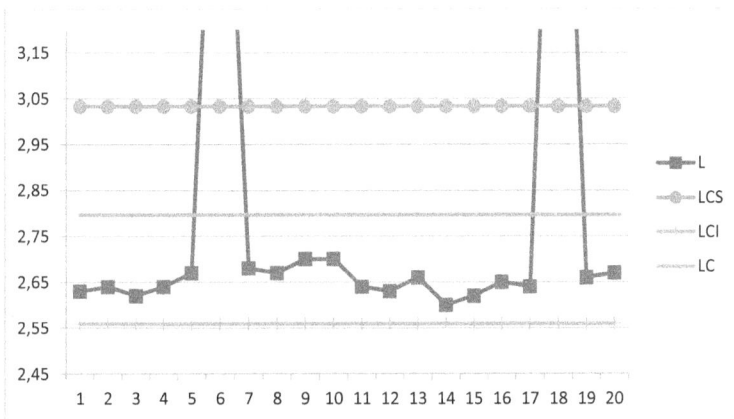

Figure 19: Carte de contrôle des moyennes

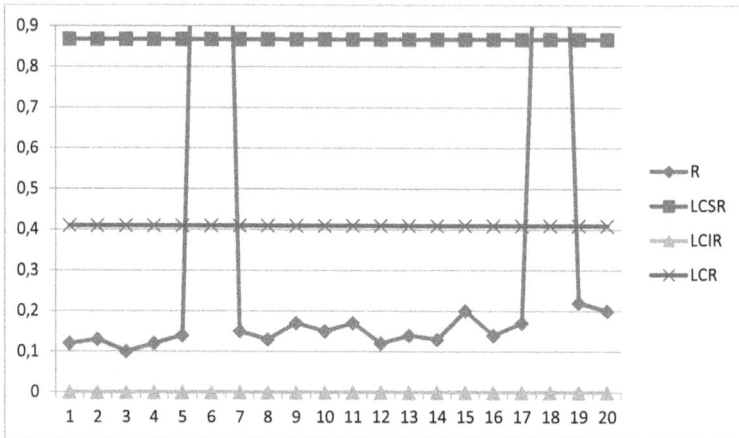

Figure 20: Carte de contrôle des étendues

Analyser et Innover :

D'après le graphe on constate que les échantillons 6 et 18 sont très loin des limites de contrôles, ce qui montre l'existence d'un déréglage très important.

Après la révision du scrap du test électrique il s'est avéré que les bobines des pièces du scrap ont été ouvertes, autrement dit leurs fils ont été coupé.

Pour chercher la cause de ce problème, on a utilisé la méthode des 5 P :

Problème principale : échantillon hors de limite de contrôle.

P1	P2	P3	P4	P5
Pièce Non OK	L non OK	Fil coupé	Aiguilles de mesure coupent le fil	Forme aigue de la tête de l'aiguille

Tableau 11: Les cinq pourquoi des 2 échantillons hors des limites de contrôle

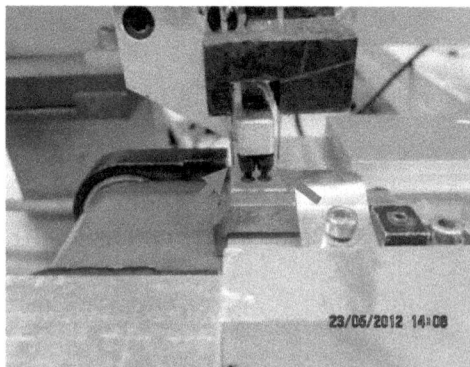

Figure 21: Aiguilles du test électrique

GKS-075

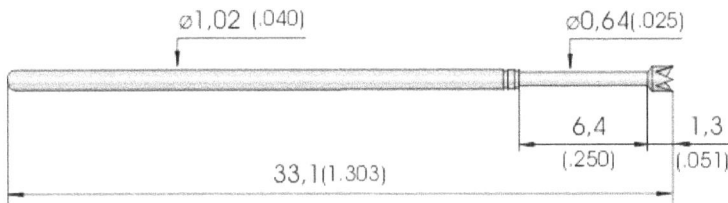

Figure 22: Schéma de l'aiguille du test électrique

D'après le schéma prélevé de la fiche technique de l'aiguille (voir Annexe A, Liste des figures, figure 1), on peut constater que la forme aigue de la tête des aiguilles est la cause de cette défaillance.

La solution proposée a été l'utilisation d'une autre aiguille avec une forme plus adaptable, donc on a cherché dans le catalogue du même fournisseur (voir Annexe A, Liste des figures, figure 2) et on a choisi l'aiguille suivante :

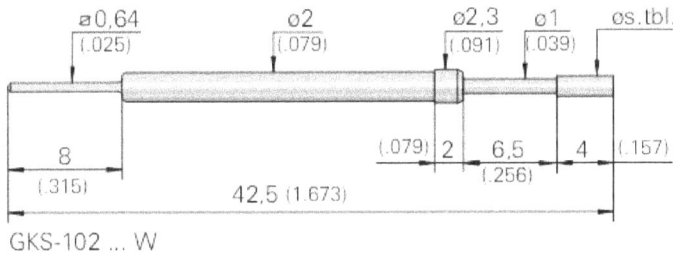

Figure 23: Schéma de la nouvelle aiguille du test électrique

Contrôler :

Sachant que les nouvelles aiguilles ont été mises en place ultérieurement, on a calculé les nouvelles limites de contrôles ainsi que la capabilité réelle Cpk et la capabilité intrinsèque Cp du processus (voir Annexe A, Liste des tableaux, tableau4) et on a tracé les nouvelles cartes de contrôle :

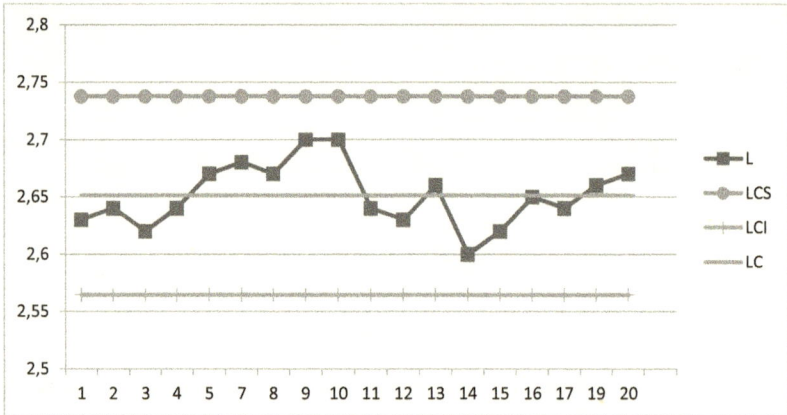

Figure 24: Nouvelle carte de contrôle des moyennes

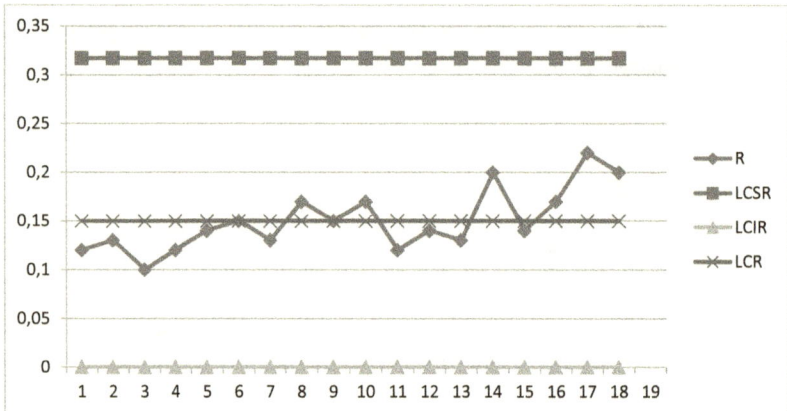

Figure 25: Nouvelle carte de contrôle des étendues

Maintenant qu'on a éliminé ce déréglage, il est temps d'évaluer les capabilités du processus, on a les résultats suivant :

Cpk=1.69 > 1.33 et Cp=1,76>1.33 ➡ le processus est donc capable, ou autrement dit, il est sous contrôle.

La diminution de la fréquence d'échantillonnage est une conséquence normale, vu que dans la pratique il doit être quatre fois plus grande que la fréquence des actions correctives, donc plus le processus est stable plus en diminue la fréquence d'échantillonnage, dans notre cas on suggère de prendre un échantillon de 5 pièces chaque heure.

L'objectif à atteindre par le maintien d'une application correcte des cartes de contrôle, c'est de prévenir entre autres déréglage, l'usure des aiguilles du test avant une perte totale de leur fonctionnement, ceci peut être découvert si on remarque l'apparition d'une tendance dans les valeurs de mesures ou une évolution sous forme de dents de scie.

d) Résultat et synthèse :

Le taux de scrap a passé de 6 .13% au mois du Janvier à 4.2% au mois du Mai, ce qui prouve que la démarche de notre travail a été bénéfique est rentable, dorénavant il faudra continuer les efforts dans une démarche d'amélioration continue qui tiendra compte de chaque nouvelle condition concernant les 5M.

II-3-2) Augmentation de la disponibilité des machines de production :

a) Introduction :

L'arrêt des machines de production a toujours présenté un grand problème pour le département de la production, vu que toute diminution de la disponibilité des machines a un impact direct sur la productivité de la ligne, surtout quand il s'agit des arrêts brusque due à une panne imprévue, ou d'un manque de pièce de rechange lors d'une action de maintenance corrective.

La démarche qu'on va suivre consiste à une amélioration de la maintenance préventive, et de la gestion de stock des pièces de rechange.

b) Amélioration de la maintenance préventive :

Dans cette partie, on va adopter la démarche PDCA comme méthode de résolution de problèmes.

- **Planifier :**

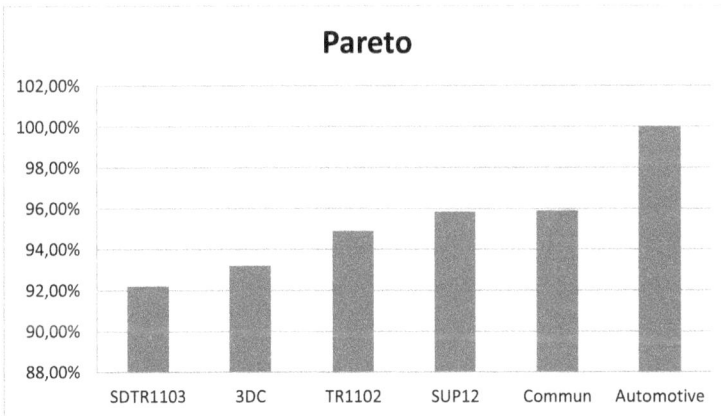

Figure 26: Pareto de disponibilité des lignes de production de l'usine (6-11 Février)

En nous basant sur les données de la semaine allant du 6 Février au 11, on constate que parmi toutes les lignes de production de l'usine, la ligne 1103 est classée dernière suivant le critère de la disponibilité avec un pourcentage de 92.2%, ceci est due aux arrêts causées par les nombreuses actions correctives, et par le manque d'une actions préventives et de surveillance de l'évolution de l'état des machines avant la production d'une panne.

Sachant qu'il existe déjà des plans de maintenance préventive systématique pour chaque machine, il nous a été demandé de mettre en œuvre un nouveau plan de maintenance préventive systématique adapté aux conditions actuelles des équipements, ce plan va être déduit après l'application de l'AMDEC machine sur les machines de la ligne 1103, ainsi on pourra avoir une vision complète sur les différentes défaillances et les actions préventives adéquates pour chacune d'elles, ainsi que leurs fréquences.

- **Faire :**

Dans cette étape on va appliquer la méthode Analyse des modes de défaillance, de leurs effets et de leur criticité (AMDEC), sur les machines de production de la ligne 1103, c'est-à-dire : l'agrafeuse, l'assembleuse, la bobineuse, la mouleuse et la machine du test électrique et de l'emballage (voir Annexe A, Liste des tableaux 4).

Les tableaux suivants regroupent les actions préventives déduites de l'application de la méthode AMDEC :

Eléments	Modes	Actons préventives	Fréquence*
Vérin	Mouvement avec jeu	Vérification à chaque trimestre de la fixation du vérin.	T
Vérin	Mouvement avec jeu	Vérification à chaque trimestre de la fixation du vérin.	T
Sufridera móvil	Usure	Vérification par trimestre de l'état de la pièce.	T
Lanzadera lateral grapa	Usure	Vérification par trimestre de l'état de la pièce.	T
Macho cortador de grapa	Usure/cassure	Vérification par trimestre de l'état de la pièce.	T
Sufridera fija	Usure	Vérification par trimestre de l'état de la pièce.	T
Insertadores	Usure/cassure	Vérification par trimestre de l'état de la pièce.	T
Guías verticales	Usure	Minimiser le plus possible le frottement (lubrification mensuelle).	M
matriz corte salida hilo brida	Usure	Minimiser le plus possible le frottement (lubrification mensuelle). Nettoyage par trimestre de la matrice.	M
matriz corte hilo entrada	Usure	Minimiser le plus possible le frottement (lubrification mensuelle). Nettoyage par trimestre de la matrice.	M
Cuchillas empujadores	Usure/cassure	Vérification chaque 2 semaines de l'état des Lames.	2S

Mesa pneumática	Mouvement avec jeu	Vérification à chaque trimestre de la fixation du vérin.	T
Vérin	Mouvement avec jeu	Vérification à chaque trimestre de la fixation du vérin.	T
Sensor de vacío	Capteur grillé	Vérification mensuelle de l'état des câbles et du capteur (éliminer les causes des courts-circuits).	T
Eyector de vacío	Fuite d'air/ bobine grillée	Vérification mensuelle de l'état des joints.	M
Amplificador de fibra óptica	Amplificateur grillé	Vérification du fonctionnement de l'amplificateur chaque trimestre.	T
Correa del motor del plato	Usure/rupture	Vérification mensuelle de l'état de la courroie.	M
Electroválvula de bloque	fuite d'air/ bobine grillée	Vérification de l'installation du montage chaque 2 semaine.	2S

Tableau 12: Actions préventives systématique de l'agrafeuse

Eléments	Modes	Actons préventives	Fréquence*
Sensor cilindro MKB (amarre)	Capteur grillé	Vérification mensuelle de l'état des câbles et du capteur (éliminer les causes des courts-circuits).	M
messa smc	Mouvement avec jeu	Vérification par trimestre de la fixation du vérin.	T
Ventosa	Esure	Vérification mensuelle de la hauteur et de l'état des deux venteuses.	M
Sensor de vacío	Capteur grillé	Vérification mensuelle de l'état des câbles et du capteur (éliminer les causes des courts-circuits).	M
Eyector de vacío	Fuite d'air/ bobine grillée	Vérification par trimestre de l'état du circuit pneumatique.	T
Amplificador de fibra óptica	pas d'amplification	Vérification du bon fonctionnement de l'amplificateur chaque trimestre.	T
Fibra óptica	Erreur de détection	Vérification mensuelle du fonctionnement de capteur.	M
Support pièces	Déformation/ Usure	Vérification par trimestre de l'état de la tablette.	T

Tableau 13: Actions préventives systématique de l'assembleuse

Eléments	Modes	Actons préventives	Fréquence*
Vérin smc	Mouvement avec jeu	Vérification par trimestre de l'état et de la fixation	T
cylindre rotatif sms grand	Vérin ne s'arrête pas à ses fins de course	Vérification par trimestre de l'état du capteur de fin course.	T
Sensor cilindro giratorio izquierda	Capteur grillé	Vérification mensuelle de l'état des câbles et du capteur (court-circuit entre les câbles).	T
Sensor ciilindro giratorio derecha	Capteur grillé	Vérification mensuelle de l'état des câbles et du capteur (toute cause de court-circuit).	T
Resistencia soldador: DIAMETER: 1/4" - 0.003" LENG	Résistance grillé	Vérification mensuelle des câbles de la résistance.	M
vérin	Mouvement avec jeu	Vérification par trimestre de l'état du vérin.	T
Ventosas	Détérioration de la forme de la venteuse	Vérification mensuelle de la hauteur et de l'état des venteuses.	M
Correa capeado	Usure	Vérification mensuelle de l'état de la courroie.	M
Correa bobinado	Usure	Vérification mensuelle de l'état de la courroie.	M
Eyector de vacío	Fuite d'air/ bobine grillée	Vérification par trimestre du fonctionnement du circuit pneumatique.	T
Eje bobinado	Usure / (jeu) / cassure	Nettoyage de la pièce par trimestre. Lubrification des roulements.	T
Sensor inductivo del cierre de mandriles	Capteur grillé	Vérification mensuelle de l'état des câbles et du capteur (Eliminer les causes de court-circuit).	M
Sensor inductivo de carga M5	Capteur grillé	Vérification mensuelle de l'état des câbles et du capteur(Eliminer les causes de court-circuit).	M
Aguja para bobinar	Cassure	Vérification chaque semaine de l'état de l'aiguille.	S
Acoplamiento eje capeado	Défaillance du système d'accouplement	Vérification de l'état des accouplements chaque trimestre.	T
Sensor cilindro giratorio derecha	Capteur grillé	Vérification mensuelle de l'état des câbles et du capteur (Éliminer les causes de court-circuit).	M
Sensor cilindro giratorio izquierda	Capteur grillé	Vérification mensuelle de l'état des câbles et du capteur (Éliminer les causes de court-circuit).	M
Sensor cinta transportadora	Capteur grillé	Vérification mensuelle de l'état des câbles et du capteur (Éliminer les causes de court-circuit).	M
Mesa antigua de cierre de eje	Mouvement incliné par rapport à l'horizontale	Vérification mensuelle de l'état des câbles et du capteur. Nettoyage mensuelle de support de capteur (Éliminer les causes de court-circuit).	M
Mesa de soldadura	Mouvement avec jeu	Vérification par trimestre de l'état du support de la résistance.	T
Mandriles (según formato)	Usure	Vérifier la fixation des mandrins.	S
diamanda redonda	Usure	Vérification de l'état de l'aiguille.	T

Tableau 14: Actions préventives systématique de la bobineuse

Eléments	Modes	Actons préventives	Fréquence*
Mesa pneumática	Mouvement avec jeu	Vérification par trimestre du fonctionnement du vérin.	T
Ventosa	Usure	Vérification mensuelle de la hauteur de la venteuse et de son état.	M
Sensor de vacío	Capteur grillé	Vérification mensuelle de l'état des câbles et du capteur (Éliminer les causes des courts-circuits).	M
Amplificador de fibra óptica	Pas d'amplification	Vérification du bon fonctionnement de l'amplificateur chaque trimestre.	T
Fibra óptica	Erreur de détection	Vérification du bon fonctionnement de fibre optique chaque trimestre.	T
Aguja triple	Quantité de la résine éjectée non optimale	Vérification mensuelle de la pression dans le circuit pneumatique.	M
Aguja simple	Quantité de la résine éjectée non optimale	Vérification mensuelle de la pression dans le circuit pneumatique.	M
Lámpara ultravioleta	Lampe grillée	Vérification par trimestre de l'état de la lampe.	T

Tableau 15: Actions préventives systématique de la mouleuse

Elément	Modes	Actions préventives	Fréquence *
VENTOSAS PICK&PLACE 'S	Usure	Vérification mensuelle de la hauteur des deux venteuses	M
PUNTAS DE MEDIDA	Usure	Surveillance de l'état des aiguilles de mesure	M
Moteur de positionnement des pièces	Grillage	Vérification mensuelle du fonctionnement du moteur (bruit, échauffement)	M
Moteur Maxon du convoyeur	Grillage	Vérification mensuelle du fonctionnement du moteur (bruit, échauffement)	M

Tableau 16: Actions préventives systématique de la machine du test électrique et de l'emballage.

M : mensuel T : trimestriel S : hebdomadaire J : journalier

On a fait une comparaison entre ces actions et ceux des anciens plans de la maintenance préventive systématique, et on a sorti avec un nouveau qui regroupe les deux afin d'obtenir le résultat le plus optimal. (voir Annexe A, Liste des tableaux, tableau 2)

- **Contrôler :**

Après la rédaction des nouveaux plans de la maintenance préventive systématique, et les mettre à la disposition du responsable de la maintenance, on a reçu son accord pour les communiquer aux techniciens responsables de la ligne 1103 afin de les appliquer.

Après une certaine période d'essai, on a relevé la disponibilité des lignes de production de toute l'usine, durant la semaine allant du 19 au 24 Mars, et on obtenu le résultat suivant :

Pareto

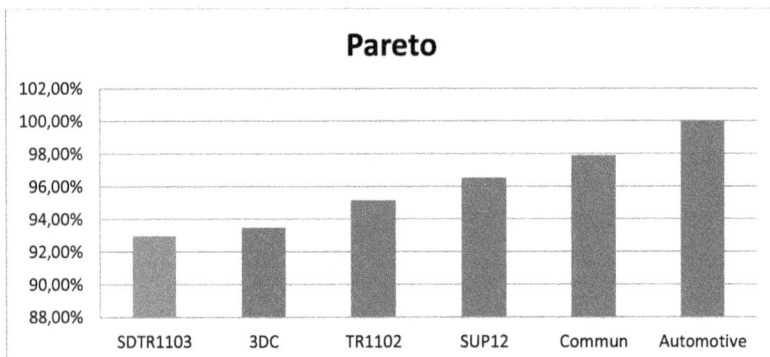

Figure 27: Pareto de disponibilité des lignes de production de l'usine (19-24 Mars)

On a remarqué que la ligne 1103 est encore la dernière de toutes les lignes de production concernant la disponibilité, avec un pourcentage de 92.94%, et on a découvert après que les fiches des plans de la maintenance préventive systématique ont été rempli par les techniciens sont les appliquées.

- **Agir :**

Pour éradiquer ce problème on a suivi la démarche 8D, cette démarche a été rédigée dans une fiche standard que la société nous a donné pour l'utiliser dans notre travail.

Equipo de trabajo / Core Team Members		ACHRAF KHARRAZ		BERKATI OUSSAMA	
1. Descripción del Problema / Problem description					
Fecha / Date	Non application des plans de maintenance préventive, les fiches du plan de la maintenance préventive sont rempli sans les appliquer, une inspection visuelle est parfois réalisée mais sans recourt au plan pré établie.				
05/03/2011					
2. Acciones de contención / Interim containment action(s)					
Ref.	Acciones de contención / Interim containment action			Responsable / Who	Fecha objet. / Target date
Cont 1	Recourir à la maintenance corrective.			Techniciens	
3. Causa Raíz / Root cause(s)					
Causa raíz	Fecha / Date	L'application des plans de la maintenance requiert un arrêt des équipements pendant une certaine durée du temps, chose qui n'est pas admis par les responsables de production.			
Causa raíz		Les techniciens ont une mauvaise idée sur l'application des plans préventifs, croyant que ceci impose un grand nombre de changement de pièces de rechanges alors que la plupart des actions sont des simple vérifications et lubrifications.			
Causa raíz		Les responsables de la production ne sont pas convaincus de l'intérêt de la maintenance préventive, leur souci est juste le maintien de la cadence de production, ils imposent aux techniciens de se consacrer à cet objectif.			
Causa raíz		Excès de la maintenance corrective.			
Causa raíz		L'application des plans préventifs peuvent parfois être contrariée par le manque des pièces de rechange.			
Causa raíz		Le responsable de la maintenance préventive n'a pas une autorité directe sur les techniciens et ses efforts ne parviennent pas à les obliger à appliquer les plans de la maintenance préventive.			
Causa raíz		Absence du dialogue et de compréhensivité entre le responsable de la maintenance et ceux de production.			

Ref.	Acciones Correctivas	Responsable / Who	Fecha objet. / Target date	Fecha fin / Real date
Co1	Formation des techniciens sur les différentes actions des plans de la maintenance préventive.	Responsable de la maintenace/ Techniciens		
Co2	Organiser des réunions de façons régulières entre les techniciens et le responsable maintenance pour exposer le bilan des fiches des plans de la maintenance préventive.	Responsable de la maintenace/ Techniciens		
Co3	Organiser des réunions de façons régulières entre les responsables de productions et le responsable de la maintenance afin de planifier les temps d'arrêt des équipements afin d'appliquer les actions de la maintenance préventive.	Responsables de la production / Responsable de la maintenance		
5. Acciones Preventivas / Preventive action(s)				
Ref.	Acciones Correctivas	Responsable / Who	Fecha objet. / Target date	Fecha fin / Real date
Pre1	Les techniciens doivent avoir une idée complète sur les actions de changements de pièces qui sont planifiées pour chaque semaine ainsi ils pourront présenter la liste des pièces de rechange demandées aux responsable de l'approvisionnement avant un délai considérable selon la nature de chaque pièce, ainsi la rupture de stock on pièces de rechange sera minimiser.	Techniciens		
Pre2	Mise en place de l'indicateur MTBF (Mean Time Between Failures)	Responsable de la maintenance		
Pre3	Dédier un budget plus important à l'approvisionnement des pièces de rechange vu le grand nombre des pièces et leurs prix importants surtout les pièces de précision	Direction / Département gestion financières		
Pre4	Rédiger des rapports ou des bilans avec des chiffres signifiant montrant l'impact de la maintenance préventive sur la diminution du taux du scrap, et les présenter aux responsables de la production.	Département qualité / Responsable de la maintenance		
6. Verificación de las acciones correctivas / Corrective action(s) verification				
Ref.	Acciones Correctivas	Responsable / Who	Fecha objet. / Target date	Fecha fin / Real date
V1	Suivi de l'évolution de l'indicateur MTBF	Responsable de la maintenance		
V2	Effectuer des audits internes pour évaluer l'avancement de l'application de la maintenance préventive, et son impact sur les temps d'arrêt et sur le nombre des interventions.	Département qualité / Responsable de la maintenance		
7. Revisar lo siguiente / Review the following				
Documento / Document		Ed.	Responsable / Who	Fecha objet. / Target date	Fecha fin / Real date

Tableau 17: 8D du non application des plans de la maintenance préventive systématique

c) Amélioration de la gestion de stock des pièces de rechange :

c-1) Analyse des données :

a) Inventaire des pièces de rechange gérées dans le stock

La détermination des caractéristiques et des fonctionnements des pièces de rechange, nous permettra d'élaborer une codification des pièces ; Ainsi il nous aidera à déterminer une méthode de rangement et de localisation des articles dans le magasin.

Nous nous sommes basés sur les informations disponibles sur la liste des pièces de rechange et l'aide du responsable de maintenance pour élaborer un fichier Excel contenant 600 articles gérés au stock et les répartir en 4 grands types, qui sont :

1. Mécanique
2. Pneumatique
3. Electrique
4. Consommable

b) Identification des pièces obsolètes dans le stock

En effet il s'agit des pièces qui n'étaient plus demandées par le service maintenance, mais qui figurent toujours dans le stock.

On a parvenus à identifier parmi Les 600 pièces, 26 qui correspondent à des capteurs et des moteurs électriques qui ne sont plus utilisés par le service maintenance.

c) Les critères du classement des pièces de rechange

Les articles du stock ne sont pas tous de même importance, il n'y a pas raison de les gérer tous de la même manière. En effet, Il existe une multitude de critères qui permettent le choix de la manière de les classifier : Délai de livraison, le coût... Alors il faut choisir des critères cohérents qui permettront de définir la criticité de chaque article.

Les critères retenus sont : délai de livraison, gravité, détection de la défaillance, fréquence de défaillance et le coût de la pièce, le produit de ces cinq critères nous donne la criticité de chaque pièce.

c-2) Classification des pièces par l'analyse PARETO
a) Application de la méthode PARETO

Le stock contient un nombre très élevé des pièces de rechange (600 Articles), et elles ne présentent pas toutes les mêmes risques. De ce fait il est impossible de consacrer autant d'attention à chacun de ces articles.

Afin de repérer les articles les plus critiques et de leurs adopter la meilleure méthode de gestion, nous avons opté pour une analyse PARETO.

La méthode PARETO consiste à classer des éléments en 3 classes (A, B, C) selon leur importance et cela suivant un critère bien déterminé .

Le critère choisi dans ce cas est la criticité (C=délai × coût × gravité × détection × fréquence) vu l'importance de ces termes au service d'approvisionnement. La négligence de l'un de ces termes ne donne plus une vision globale sur le problème, ce sont des termes indispensables et indissociables.

Chaque terme a des niveaux qui présentent son importance, la description de ces niveaux est illustrée dans la grille en dessous :

Niveau	Délai de livraison
1	DL < 1 Semaine
2	1 Semaine < DL< 1 Mois
3	DL > 1 Mois

Niveau	Non-détection
1	Défaillance détectable à 100%
2	Défaillance peut détectable (détection possible)
3	Défaillance difficilement détectable
4	Défaillance indétectable

Niveau	Gravité
1	Pas d'arrêt de la production
2	Arrêt de la production sur l'équipement
3	Arrêt de la production sur la ligne

Niveau	Fréquence
1	$f \leq 1$ défaillance par an
2	$f \leq 1$ défaillance par trimestre
3	$f \leq 1$ défaillance par mois
4	$f \geq 1$ défaillance par semaine

Niveau	Prix (DH)
1	Prix < 500
2	500 < Prix < 1500
3	1500 < Prix < 2500
4	Prix > 2500

Tableau 18: La grille des termes du critère

Remarque : Dans les cas les plus fréquents le critère adopté pour classifier les pièces c'est leurs consommation, mais puisque dans notre cas on n'a pas un historique de consommation, donc c'est pourquoi on choisi de travailler avec cette criticité.

b) Identification des classes

Après l'application de la démarche Pareto on a pu extraire les trois classes A, B et C, qui sont illustrés dans la courbe ci-dessous :

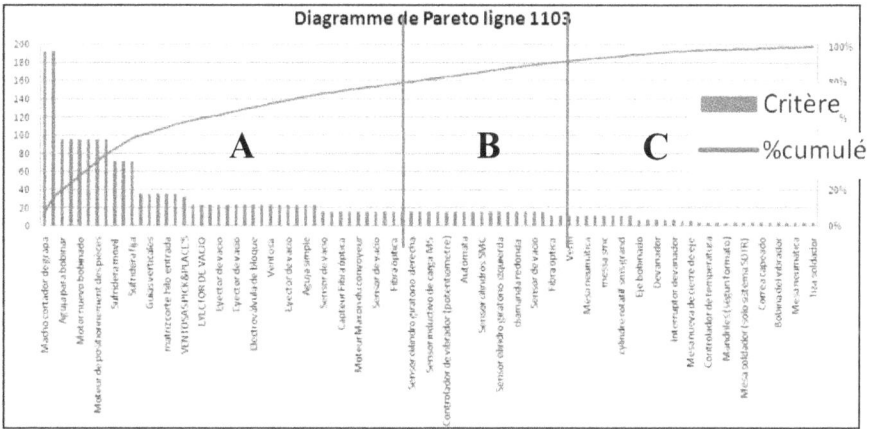

Figure 28 : Diagramme Pareto de la ligne 1103

Classe A: Il s'agit de la classe la plus importante, elle contient presque 46% des éléments classés qui sont responsables de 80% du critère choisi (C= délai × coût × gravité × détection × fréquence).

En effet elle correspond à 41 articles sur lesquels il faut intervenir pour maitriser la partie essentielle du problème, et c'est l'objet du paragraphe suivant.

La classe B : Contient 29% des éléments classés qui sont responsables de 15% des effets. Elle contient 26 articles.

La classe C : Contient 25% des éléments classés qui ne sont responsables que de 5% des effets. Elle contient 21 articles.

c-3) Adoptions d'une politique d'approvisionnement

a) Etude des éléments de la classe «A» :

Les articles dont il faut donner plus d'importance sont illustré dans le tableau en dessous, car ils sont la cause directe de rupture de stock.

Système ou élément		Zone
RefPR	Description	
GRAP-3	Macho cortador de grapa	
KFRE002AP004A	Resistencia soldador: DIAMETER: 1/4" -0.003" LENG	
TK-148-S	Aguja para bobinar	
DSD2-M3-10R.96-00C	Motor antiguo bobinado y capeado	
JL3-0130-26-3RV	Motor nuevo bobinado	
JL2-0060-0049-3RV	Motor nuevo capeado	
CRBU2JP	Moteur de positionnement des pièces	
tablettes	Support pièces	
GRAP-1	Sufridera móvil	
GRAP-2	Lanzadera lateral grapa	
GRAP-4	Sufridera fija	
GRAP-5	Insertadores	
GRAP-6	Guías verticales	A
GRAP-7	matriz corte salida hilo brida	
GRAP-8	matriz corte hilo entrada	
EZM131HF-K5LOZ-E55L	Eyector de vacío	
345.854 V 102.002.004.1.2 (50NBR)	VENTOSAS PICK&PLACE'S	
GKS-075-214-064-A-1000	PUNTAS DE MEDIDA	
EZM131HF-K5LOZ-E55L	EYECTOR DE VACÍO	
345.854 v 102.002.004.1.2	Ventosa	
EZM131HF-K5LOZ-E55L	Eyector de vacío	
SM2	Ventosas	
EZM131HF-K5LOZ-E55L	Eyector de vacío	
345.854 V 102.002.004.1.2	Ventosa de descarga	
RefPR	Description	
G6C-1114P-US 120C SPST-NA	Relé controlador de temperatura	

345.854 v 102.002.004.1.2	Ventosa
Tijera	Tijera de corte
EZM131HF-K5LOZ-E55L	Eyector de vacío
	Aguja triple
	Aguja simple
LAMP 4in.ARC (DR. HONLE) UVH 102 SERIAL #:522755 411070	Lámpara ultravioleta
Z5E1-00-55L	Sensor de vacío
E3X-DA8/E3X-NH41	Amplificador de fibra óptica
E32-D32	Capteur Fibra óptica
SY3140-5LOU-Q	Electroválvula de bloque
2140.937-61.112-050	Moteur Maxon du convoyeur
D-A73	Sensor cilindro MKB (amarre)
Z5E1-00-55L	Sensor de vacío
E3X-DA8/E3X-NH41	Amplificador de fibra óptica
Fibra simple de 1mm	Fibra óptica

Tableau 19: Les pièces es plus critiques de la classe A

Ils sont presque 41 articles dont il faut déterminer leur quantité économique, la méthode choisie pour déterminer celle-ci était la point de commande puisque le délai est maitrisé et la quantité est variable . Aussi on a proposé au service maintenance le calcul de la prévision de consommation des pièces pour un mois, grâce à la méthode Lissage Exponentielle, son calcul sera présenté dans l'application qu'on traitera dans la suite de notre rapport.

L'absence de l'historique de consommation qui est la cause de la mauvaise gestion du stock, nous a imposé de calculer le point de commande avec l'unité de temps disponible. Ce qui cause une mauvaise estimation de la quantité économique ce qui donne par la suite des ruptures fréquentes du stock.

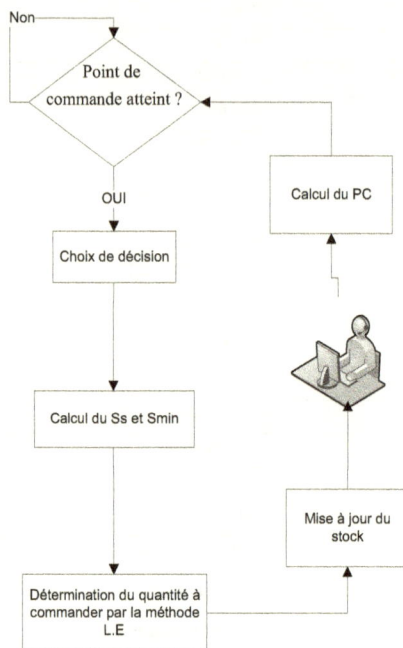

Figure 29 : Arbre des étapes du lancement des commandes

Alors on a proposé une nouvelle stratégie d'approvisionnement, qui ce base sur des décisions, pour diminuer les ruptures fréquentes du stock et les arrêts des équipements ; Ainsi la non application des plans de la maintenance préventive systématique.

    b) Principe de la nouvelle stratégie d'approvisionnement :

Une bonne gestion doit tenir compte des éléments suivants :

- **Matériel obsolète** : pièces qui ne peuvent être utilisées sur aucun équipement de production du site, soit l'équipement a été écarté de la production ou il a subit une modification qu'il n'aura pas besoin de cette pièce.

- **Besoins pour préventif** : besoins pour les interventions programmées suffisamment à l'avance. Gérés directement par les demandeurs.

- **Besoins pour curatif** : tout ce qui est NON PREVENTIF. gérés directement par le service maintenance.

- **Impact d'arrêt** : en présence d'anomalie, l'absence des pièces induit un arrêt de production d'équipement prononcé conformément à l'exigence de la procédure de sécurité des biens, qualité et environnement.

- **Action palliative** : possibilité de trouver une alternative à la pièce manquante pour remettre l'équipement en fonctionnement normal ou en mode dégradé acceptable.

- **Degré de stratégie:** en fonction des critères précédents, on détermine le degré de criticité de l'équipement sur lequel la pièce est montée.

Cette stratégie vise à répondre à deux grandes questions : quand déclencher l'approvisionnement du stock ? Combien commander ? La réponse à ces deux questions dépend de la politique de gestion adoptée. Nous nous sommes intéressés d'élaborer cette politique sous forme d'un arbre de décision.

c) Arbre de décision de la nouvelle politique d'approvisionnement :

Après avoir détaillé le principe de la nouvelle politique d'approvisionnement, nous le mettons alors en œuvre à l'arbre de décision décrit ci-dessous :

- *Le sommet (racine) :*

L'accent est mis sur les pièces obsolètes « **La pièce est-elle obsolète ?** », qui ne sont plus demandées par le service maintenance. Donc le stockage de ces pièces de rechange, constitue un stock dormant, d'où la décision d'éliminer ce stock (le premier critère d'arrêt D1).

- *Le deuxième critère de séparation :*

Dans ce point le choix est mis sur les pièces qui ne sont pas obsolètes mais qui sont curatives « **La pièce est-elle curative ?** », si celles-ci ne l'ait pas (pièces préventives), on proposera d'arrêter l'approvisionnement et de ne plus les gérer au stock magasin, (D2).

- *Troisième critère de séparation :*

Dans le cas des pièces curatives, on ajoute un critère sur leur impact d'arrêt « **L'absence de la pièce génère t-elle un arrêt de production sur un équipement ?** », s'il celle-ci existe, on passe au *quatrième critère*, si non on passe au *septième critère de séparation.*

- *Quatrième critère de séparation :*

Pour les pièces qui génèrent un arrêt d'équipement, on a posé la question sur la possibilité de les dépanner « **Existe t-il une action palliative ?** », s'il celle-ci existe, on propose d'arrêter l'approvisionnement jusqu'au stock minimal qui doit couvrir le délai d'approvisionnement (D$_3$).

- *Cinquième critère de séparation :*

Dans le cas d'absence d'une action palliative, on met l'accent sur l'impact au niveau de la sécurité et de l'environnement « **Pas d'impact sur la SE (Sécurité, Environnement)** », si ceci existe on doit arrêter l'approvisionnement jusqu'au stock d'alerte (Point de Commande) et le coefficient de sécurité K=1.65 qui correspond à P=5% (D$_4$).

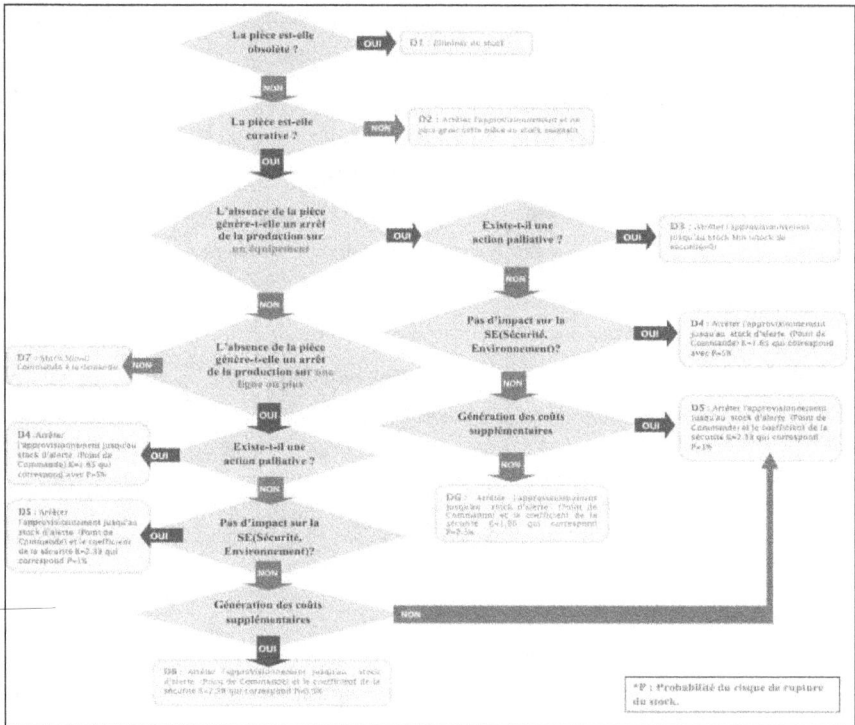

Figure 30 : Arbre de décision pour déterminer la quantité à commander

- **Sixième critère de séparation :**

Pour les pièces qui engendrent un arrêt sans avoir une influence sur SE, on ajoute le critère des coûts supplémentaires« **Génération des coûts supplémentaires ?** », dans le cas de la confirmation à cette question, on doit arrêter l'approvisionnement jusqu'au stock d'alerte (Point de Commande) et le coefficient de la sécurité K=2.33 qui correspond à P=1% (D$_5$), si non on a proposé de diminuer le coefficient de sécurité K=1,96 (D$_6$).

- **Septième critère de séparation :**

Dans ce point, on augmente sur le degré de criticité et on s'intéresse à l'arrêt de la production sur un équipement par rapport à l'arrêt de la ligne « **L'absence de la pièce génère-t-elle un arrêt de la production sur une ligne ou plus ?**». Si celles-ci ne l'ait pas, on décide d'arrêter l'approvisionnement jusqu'au stock minimal (0) c'est-à-dire qu'il y'aura la commande au cas du demande (D$_7$), sinon on passe au *quatrième critère de séparation* mais cette fois avec des décisions différentes (voir figure arbre de décision).

Remarque : En général pour calculer le stock minimal, il faut tenir compte de la consommation moyenne par unité de temps (C), et du délai d'approvisionnement de l'article (D), mais dans notre cas pour que le stock soit capable de couvrir le délai de l'approvisionnement et de ne pas avoir une rupture ; On a pris en considération le coefficient de sécurité K .

En général le coefficient de sécurité K est égale à un dans le cas des pièces moins critiques, mais pour les pièces critiques on s'est basé sur l'expérience du responsable de maintenance, qui nous a aider à déterminer ce coefficient en question.

d) Réalisation de l'application de suivie du stock des pièces de rechange :

Une bonne gestion du stock n'est pas seulement l'application d'une méthode analytique, mais il faut suivre l'évolution du stock et le rendement de la méthode choisie. En plus vue le grand nombre des pièces à traiter (600 pièces), avec un suivi journalier le responsable de maintenance se retrouve face à une tâche délicate sans l'aide d'un outil informatique.

Afin de répondre à cette contrainte il fallait prévoir un outil permettant un suivie facile du flux du stock, de ce fait on a réalisé une application sous Matlab, qu'on présentera par la suite.

- *Architecture de l'application*

Le choix de Matlab comme langage de programmation n'était pas aléatoire, mais puisque il permet la manipulation de matrice, afficher des courbes et des données, mettre en œuvre des algorithmes, et créer des interfaces utilisateurs. Pour ces raisons on a programmé l'application qu'on traitera dans les prochains paragraphes.

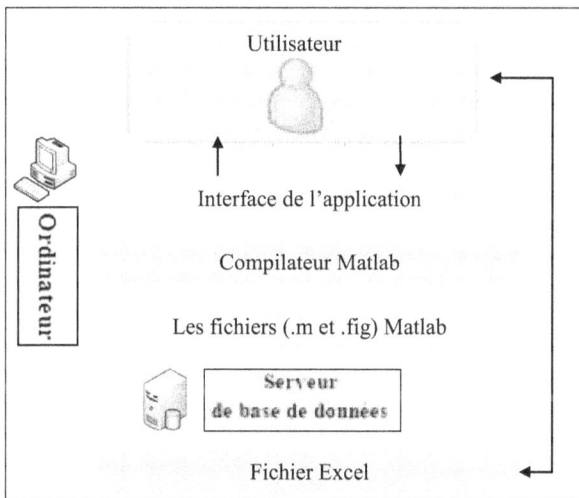

Figure 31 : Architecture de l'application

L'utilisateur a accès à l'interface de l'application qui lui assure différentes tâches, derrière cette dernière il y a un programme sous forme (fichier.m) compilé par Matlab.

Les données sont importées du serveur depuis un fichier Excel, ce fichier est actualisé par l'utilisateur. Les nouveaux sont traités une autre fois suivant les précédentes démarches.

- ***Description des différentes options de l'application***

L'application permet au responsable de maintenance un suivie journalier des pièces de rechange avec des simples cliques.

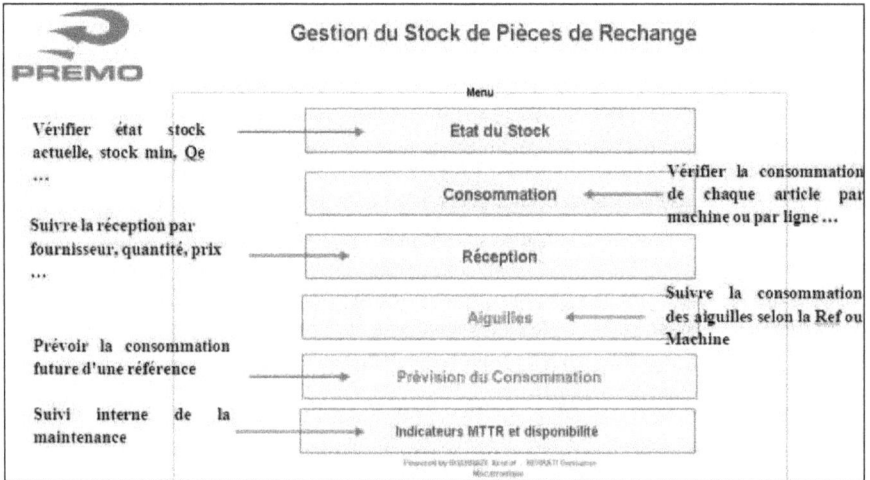

Figure 32 : Interface d'accueil

L'exploitation des différentes parties de l'application sont facilement accessible à l'aide de l'interface d'accueil, celle la contienne toutes les fonctionnalités nécessaire pour la gestion des pièces de rechange. L'avantage de cette application c'est que l'utilisateur à le droit de modifier toutes les options afin de les adapter pour son besoin.

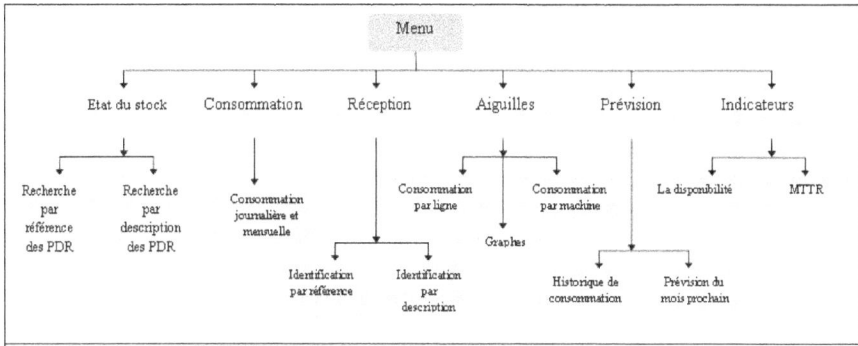

Figure 33 : Plan de l'application

Le passage d'une fonction à l'autre se fait avec une souplesse comme le montre la le plan de l'application, si on prend le cas des aiguilles l'utilisateur peu au même temps savoir la consommation d'une pièce dans une ligne et la consommation de la même pièce par machine avec leurs représentations graphiques. D'ailleurs le passage d'une couche à l'autre est possible seulement à l'aide des boutons retour ou home (le bouton rouge X), celui la permet de revoir la page d'accueille n'import dans quelle couche l'utilisateur soit l'utilisateur.

- *Exemple de prévision de la consommation des aiguilles*

Dans cette partie on traitera le cas des aiguilles type SMP 1108, leur prévision de consommation pour le mois 4. Les méthodes théoriques vues précédemment (lissage exponentiel et point de commande) sont inclut dans l'application pour permettre au responsable de maintenance un métrise du flux des pièces de rechange.

Dans notre exemple on eu comme estimation pour le mois d'avril, la consommation de 27 aiguilles de type 1108. Alors que la consommation réel pour le même moi était 24 aiguilles (voir figure). De ce fait on a pu estimer la consommation avec une bonne précision, en plus on a pu éviter la rupture du stock.

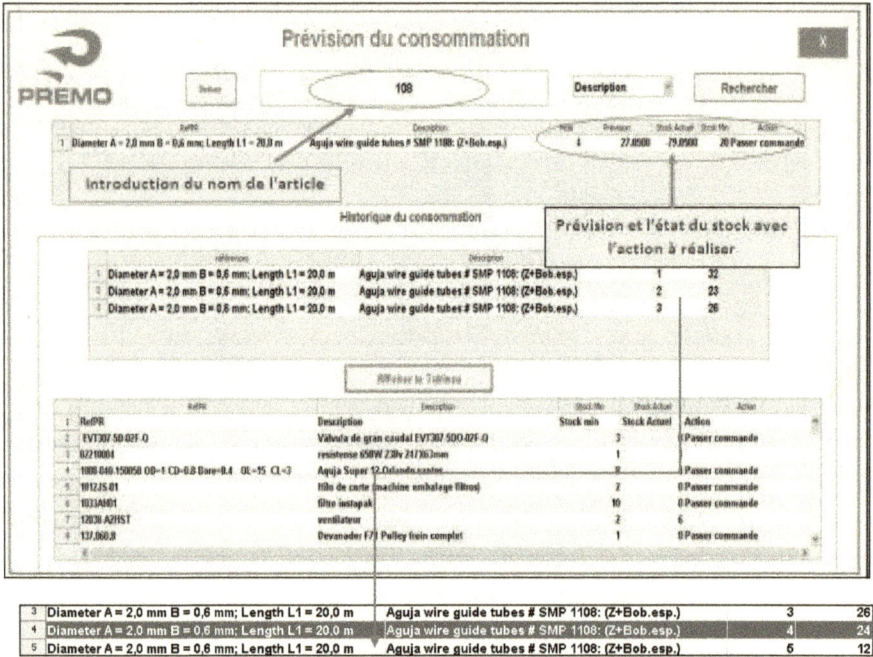

Figure 34 : Exemple d'estimation de la consommation des aiguilles 1108

e) Organisation de l'espace réservé aux magasinages des pièces de rechange :

- *Codification d'emplacement*

La codification de l'emplacement qu'on a proposé pour ranger les bacs est de type alphanumérique. Les bacs contiennent trois emplacements, alors la fiche indique les codes de trois références de pièce comme le montre la figure.

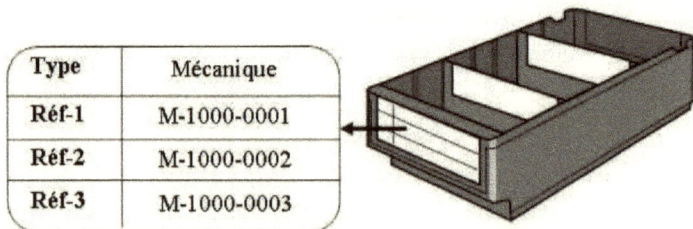

Type	Mécanique
Réf-1	M-1000-0001
Réf-2	M-1000-0002
Réf-3	M-1000-0003

Figure 35 : Bac de rangement

Une ligne pour le type des pièces et les trois restants indiquent les codes de chaque pièce.

- *Nomenclature*

Le code est composé comme suite :

- Une lettre indiquant la catégorie de la pièce (pièce de rechange = M)
- 4 chiffres différentier le type des pièces.
- Les chiffres restant c'est pur différentier les pièces de même famille.

Code	Type
M-1000-0001	Mécanique
M-2000-0001	Pneumatique
M-3000-0001	Electrique
M-4000-0001	Consommable

Exemple :

La pièce: LED Driver. Xitanium. 17W Outdoor. 700mA.

Catégorie: Pièce de rechange: M

Type: Electrique: 3000

Référence de pièce : 243-377 :8

Code	Type	RefPR	Description
M-3000-0008	Electrique	243-377	LED Driver. Xitanium. 17W Outdoor. 700mA

- *L'espace réservé au stockage des pièces de rechange*

On a proposé un rayonnage métallique pour le rangement des Bancs présenté dans la partie précédente. Le rayonnage à les dimensions suivant : L=2,20m et l=1,25m.

Les images en dessous montrent l'état de rangement des pièces de rechange avant la proposition du nouveau rayonnage et l'état de ce dernier après cette proposition.

Avant   Après

Figure 36 : Emplacement actuel des pièces de rechange

f) Résultat et synthèse :

L'évaluation des disponibilités des lignes de production de l'usine dans la période allant de 7 à 12 Mai est présentée dans le graphe suivant :

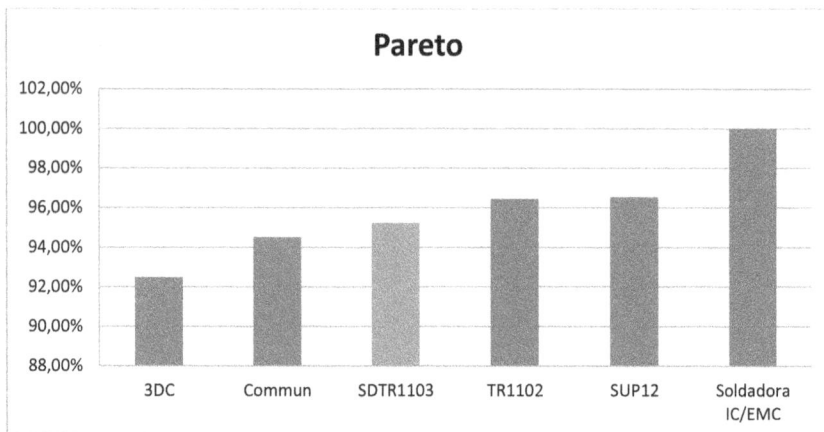

Figure 37: Evolution de la disponibilité dans les différentes lignes de production

On remarque que la disponibilité de la ligne 1103 est passée de 92.2% (2ème semaine du mois Févier) à 95.21%, cette évolution est jugé très positive.

Pour continuer dans ce progrès, Il faudra d'une part une mise à jour périodique des plans de la maintenance préventive systématique, et d'une autre part actualiser les calculs de la quantité économique et du point de commande et des prévisions jusqu'à avoir un historique suffisant pour avoir des résultats fiables.

II-3-3) Réduction du temps de changement de série SMED :

La grande diversité de produits fabriqués par la ligne 1103 (38 produits), représente une grande difficulté pour l'entreprise, cette difficulté ce manifeste par le nombre élevé des changements de fabrication et les temps non productifs passée à ces changements.

Les produits se différentient entre elles par les trois caractéristiques suivantes :

- Code : c'est un code saisi à partir de l'interface de la bobineuse déterminant le nombre de spire de la bobine.
- Type de ferrite : Ici on se réfère à la ferrite produit semi fini c'est-à-dire la ferrite assemblée avec le plastique, ils se différent par le type du col par lequel ces deux composantes sont assemblées.
- Type de fil : Dans cette partie on va utiliser la méthode SMED (Single Minute Exchange of Die) pour remédier à ce problème, en suivant les quatre étapes suivantes : Identifier, Séparer, Convertir et Réduire.

a) Identifier :

Les opérations effectuées durant un changement de série sont représentées dans le tableau suivant :

Opérations	Temps de réglages (seconds)
Apporter les rouleaux du fil à partir du magasin	480
Vider le vibreur des ferrites de l'ancien code et mettre ceux du nouvel code	50*18=900
Enlever à partir des bobineuses les rouleaux du fil du l'ancien code et mettre ceux du nouvel code	70*18=1260
Nettoyer les diamants du soudage des bobineuses	6*18=108
Changer le code à partir de la bobineuse	25*18=450
Modifier les paramètres du test électrique	50
Pré contrôle (5 pièces de vérification)	30*5=150
	Total=3398 s

Tableau 20: Liste des opérations effectuées durant un changement de série et leurs temps de réglage

b) Séparer :

La séparation des opérations internes et les opérations externes sont représentée dans le tableau suivant :

N°	Opérations	Interne	Externe
1	Apporter les rouleaux du fil à partir du magasin	X	
2	Vider le vibreur des ferrites de l'ancien code et mettre ceux du nouvel code	X	
3	Enlever à partir des bobineuses les rouleaux du fil du l'ancien code et mettre ceux du nouvel code	X	
4	Nettoyer les diamants du soudage des bobineuses	X	
5	Changer le code à partir de la bobineuse	X	
6	Modifier les paramètres du test électrique	X	
7	Pré contrôle (5 pièces de vérification)		X
	Total	3248 s	150 s

Tableau 21: Opérations internes et externes du changement de série

En ce qui suit on va traiter juste les opérations internes, parce qu'en agissant sur elles, on va pouvoir réduire le temps de changement de série.

c) Convertir :

Désigner un emplacement de la matière première à coté de la ligne, contenant les rouleaux du fil des différents codes à produire durant toute la journée.

Ce stock doit être alimenté chaque fin de journée par le responsable du magasin selon le plan de production.

L'opération numéro 1 est maintenant externe (voir le tableau en dessous). Les diamants peuvent être nettoyés avec la bobineuse en marche, sans perturber son fonctionnement. L'opération numéro 4 est maintenant externe (voir le tableau en dessous).

N°	Opérations	Interne	Externe
1	Apporter les rouleaux du fil à partir du magasin		X
2	Vider le vibreur des ferrites de l'ancien code et mettre ceux du nouvel code	X	
3	Enlever à partir des bobineuses les rouleaux du fil du l'ancien code et mettre ceux du nouvel code	X	
4	Nettoyer les diamants du soudage des bobineuses		X
5	Changer le code à partir de la bobineuse	X	
6	Modifier les paramètres du test électrique	X	
7	Pré contrôle		X
	Total	3248-480-108=2660 s	

Tableau 22: Opérations de changement de série après la conversion

d) Réduire :

Pour les opérations deux et trois, ils sont réalisés par deux opérateurs (un opérateur se charge de chaque ligne).

Sachant que les deux opérateurs chargés de l'inspection visuelle ne font rien durant cette période du changement de série, il sera convenable qu'ils participent aussi à ces deux opérations, ce qui permettra de réduire leurs temps à la moitié.

e) Synthèse et résultat :

SMED : Processus Bobinage Moulage Emballage								
Opérations				Transformations		Réduction durée (s)		
N°	Désignation	Durée (s)	I	E	I	E	Actions	Coût
1	Apporter les rouleaux du fil à partir du magasin	480	X			X	-480	Mettre en place d'un stock pour les rouleaux du fil prêt de la ligne	Prix d'un rayonnage
2	Vider le vibreur des ferrites de l'ancien code et mettre ceux du nouvel code	50*18=900	X		X		-450	Opération exécutée par 2 opérateurs à la place de un	
3	Enlever à partir des bobineuses les rouleaux du fil du l'ancien code et mettre ceux du nouvel code	70*18=1260	X		X		-630	Opération exécutée par 2 opérateurs à la place de un	
4	Nettoyer les diamants du soudage des bobineuses	6*18=108	X			X	-108	Diamants nettoyés avec les bobineuses en marche	
5	Changer le code à partir de la bobineuse	25*18=450	X		X		-225	Opération exécutée par 2 opérateurs à la place de un	
6	Modifier les paramètres du test électrique	50	X		X		—		
	Totaux=	3248					-1893	3248-1893=1355 s	gain=58%

Tableau 23: Tableau récapitulatif de l'application de la méthode SMED

On a atteint un gain de 58%, on parvenant à diminuer chaque changement de série par 1355 seconds= 31.55min.

Sachant que la cadence moyenne de production est égale à 19 pièces par minute, et qu'on effectue une moyenne de trois changements de série par journée, donc le calcul du gain sur la production nous donne :

31.55*19*3=1798 pièces par journée, soit 43152 pièces par mois.

Remarque : Une autre astuce à mettre en place c'est le choix du code à fabriquer après chaque changement de série, sachant qu'on produit quatre types différents du produit par jour, et que on a le choix de lancer la fabrication de ces quatre produits avec l'ordre qu'on veut, et que tous ces produits se différentient par trois caractéristiques : le type de ferrite, le type du fil et le code introduit dans la machine.

Sachant que la majorité des produits ont deux de ces caractéristiques qui sont similaires donc le choix du produit à fabriquer après chaque changement de série devient une façon de réduction du temps de changement de série

Par exemple si deux ou trois produits ont le même type de fil donc il est préférable de lancer la fabrication de ces trois produits avant de passer au quatrième, ainsi on a à changer le fil qu'une seule fois au lieu de le faire deux fois si on procède à la fabrication avec un ordre différent.

II-4) Conclusion:

Les éléments traités dans le cadre de ce travail ont été développé suivant une méthode logique et structurée. On a travaillé sur trois côté essentiels afin d'améliorer le flux de production de la ligne 1103.

Notre démarche pour réduire le taux de scrap a été confronté à certaines contraintes, parmi lesquels le manque des moyens financiers afin d'investir dans le cadre d'un plan d'action ainsi que le manque de rigueur dans l'application de certaines solutions, dorénavant le taux de scrap a sensiblement baissé, en passant de 6 .13% au mois de Janvier à 4.2% au mois de Mai.

Au cours de notre étude sur l'axe concernant la disponibilité des machines, on a repéré des nombreuses anomalies concernant l'application de la maintenance préventive et la gestion de stock des pièces de rechange. Notre démarche suive nous a permis de proposer et de mettre en œuvre certaines solutions pratiques, ce qui a permis de faire augmenter la disponibilité des machines de 92.2% dans la deuxième semaine de mois de Février à 95.21% dans la deuxième semaine de mois de Mai.

Le temps de changement de série n'a jamais été objet d'étude et optimisation malgré les pertes qu'il peut générer, ainsi les astuces et les propositions que nous avons données nous ont permis d'obtenir, à partir d'un calcul théorique, un gain de productivité arrivant jusqu'à 43152 pièces par mois.

Chapitre III

Automatisation et conception du banc de test électrique

Dans ce chapitre, après de donner quelques informations sur les instruments utilisés ainsi que les filtres EMC. Nous détaillons les étapes de l'automatisation du test électrique avec le logiciel LabVIEW ainsi que la conception de banc de test des filtres EMC avec le logiciel CATIA.

III-1) Présentation du projet:

III-1-1) Problématique et cahier des charges :

a- Problématique :

Pour tester les filtres électriques on dot effectuer deux vérifications :

- Le 1er test consiste à vérifier la rigidité diélectrique et la résistance d'isolement en appliquant une tension très élevé qui peut arriver à 5KVac/5KVdc à l'aide d'un testeur de rigidité électrique « Analogique».

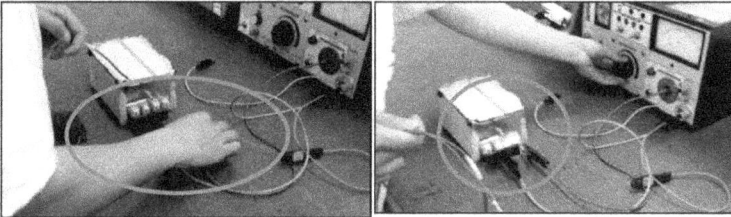

Figure 38: Le test manuel de la rigidité électrique

Cette opération est manuelle donc très dangereuse vue qu'il y a risque de choc électrique sur l'opérateur en l'absence d'une protection, aussi bien elle consomme un temps précieux de la main d'œuvre.

- Le 2ème test consiste à vérifier les paramètres R, L et C, en appliquant une tension très faible de l'ordre de quelques millivolts. Ce 2ème test ne fait pas objet de ce projet.

b- Objectif du projet :

- Conception d'un outil de test qui assure une ultra protection pour l'operateur lors du test de la rigidité diélectrique des filtres, compatible aux filtres monophasés et triphasés de différentes forme et taille.

- Réalisation d'un programme de commande et de monitoring en LabVIEW qui va permettre la configuration des outils de test, ainsi que la supervision des résultats obtenus.

c- Enoncé fonctionnel du besoin:

Pour chaque projet, Il faut énoncer clairement le besoin. Il s'agit d'exprimer avec rigueur le but et les limites de l'étude. L'outil utilisé pour cela est « la bête à cornes » *(diagramme APTE).*

On obtient ainsi le diagramme suivant:

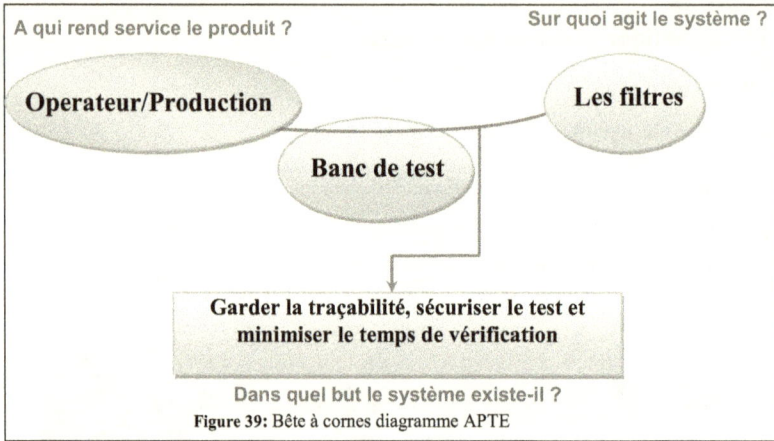

Figure 39: Bête à cornes diagramme APTE

Validation du besoin

À partir de cela, il ne reste plus qu'à valider le besoin en se posant les questions suivantes :

- Pourquoi le besoin existe-t-il ? (à cause de quoi ?)

- Qu'est-ce qui pourrait le faire disparaître/évoluer ?

- Quel est le risque de le voir disparaître/évoluer ?

d- Analyse fonctionnelle

Recherche des fonctions de service :

Il s'agit de définir les liens entre le système et son environnement. L'outil utilisé pour cela est «Le diagramme pieuvre».

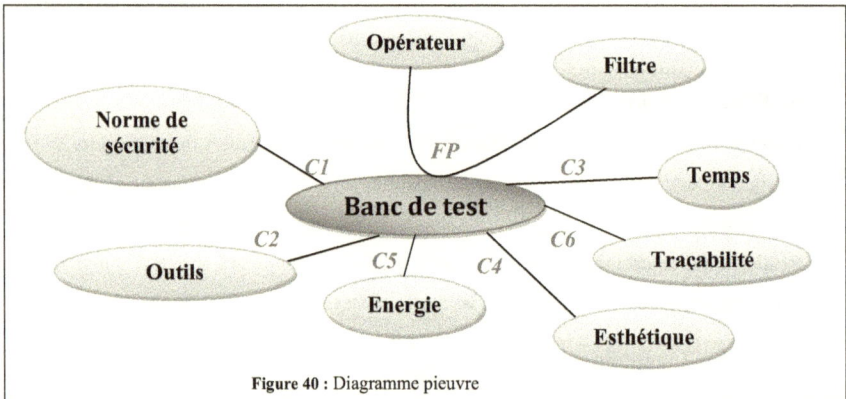

Figure 40 : Diagramme pieuvre

Validation des fonctions de service

N°	Nature
FP1	Tester la rigidité électrique des filtres
C1	Etre en conformité avec les normes en vigueur
C2	Protéger le matériel utilisé
C3	Minimiser le temps de vérification
C4	Etre esthétique
C5	S'adapter à l'énergie de l'entreprise
C6	Garder l'historique des tests effectués

Tableau 24: Recensement des fonctions.

III-1-2) Généralités sur les filtres CEM : [5]

a- La compatibilité électromagnétique - CEM:

La compatibilité électromagnétique *(en anglais ElectroMagnetic Compatibility – EMC)* est définie comme étant l'aptitude d'un dispositif, d'un appareil ou d'un système à fonctionner dans son environnement électromagnétique de façon satisfaisante et sans produire lui-même des perturbations électromagnétiques intolérables pour tout ce qui se trouve dans cet environnement.

Elle revêt donc deux aspects :

- Tout appareil fonctionne de façon satisfaisante dans son environnement électromagnétique. Cela signifie que chaque appareil « résiste » aux agressions que constituent les perturbations provenant du milieu, et donc qu'il est « immunisé » contre celles-ci : son niveau d'immunité est suffisamment élevé ;
- Aucun appareil ne doit produire lui-même de perturbations électromagnétiques intolérables pour tout ce qui se trouve dans son environnement. On comprend que son niveau d'émission de perturbations pour ledit environnement doit être suffisamment bas pour que tout ce qui figure dans cet environnement lui soit insensible.

La définition de la CEM met donc en lumière les trois notions fondamentales ci-après :

1- Le niveau d'émission, caractérisant quantitativement la production de perturbations par l'appareil ;

2- Le niveau d'immunité, caractérisant la résistance de l'appareil aux agressions que constituent les perturbations en provenance de son environnement ;

3- L'environnement électromagnétique.

b- Les filtres CEM:

Un filtre CEM est un circuit qui prévoit la suppression du bruit électromagnétique pour un dispositif électronique.

Types des filtres CEM	Classification des filtres CEM
1. Filtres monophasés	1. Filtres à un seul étage
2. Filtres triphasés	2. Filtres à haute atténuation à un seul étage
3. Filtres triphasés + neutre	3. Filtres à très haute atténuation à deux étages
	4. Filtres ultra performants à trois étages

Tableau 25: Les différents types des filtres.

Exemples de filtres monophasés :

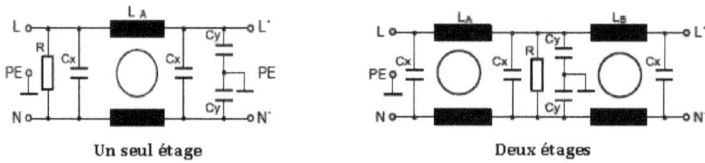

Un seul étage   Deux étages

Figure 41: Schémas des filtres monophasés à un seul étage et à deux étages.

Exemples de filtres triphasés :

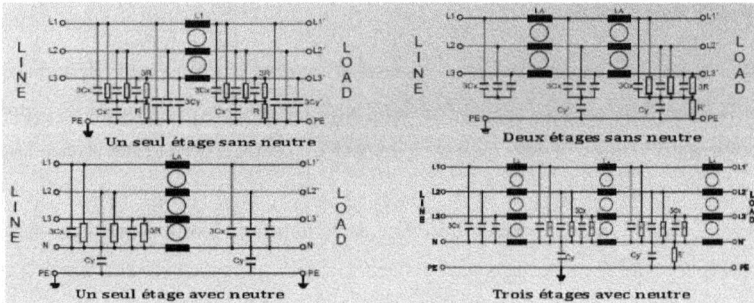

Un seul étage sans neutre   Deux étages sans neutre

Un seul étage avec neutre   Trois étages avec neutre

Figure 42: Schémas des filtres triphasés (un seul, deux et trois étage).

Caractéristiques des filtres CEM	
Tension maximale	Température de fonctionnement
Courant nominal	Classification climatique
Courant maximal	Rigidité diélectrique
Courant de fuite maximal	Dimensions

Tableau 26: les caractéristiques des filtres CEM.

Exemples :

Filtre monophasé (à deux étages): FEHV series, FFHV series	
Tension nominale: 250 VAC	
Courant nominal: 6-30 Amps @ 50 °C	
Fréquence: 0-60 Hz	
Températures de fonctionnement : (-25°C / +85°C)	
Filtre triphasé- FVDT, FVSB, FVST, HCWMGF, FVTC, FVDB & F series	
Tension nominale: 380VAC to 760VAC	
Courant nominal: 1-2500 Amps @ 50 °C	
Fréquence: 0-60 Hz	
Températures de fonctionnement: (-25 °C ~ +85°C/+100°C)	

Tableau 27: Exemples des filtres CEM.

Domaines d'application des filtres CEM :

Figure 43: Domaines d'application des filtres CEM.

III-1-3) La rigidité électrique des filtres CEM : [5]

a- Rigidité électrique :

La rigidité diélectrique d'un milieu isolant représente la valeur maximum du champ électrique que le milieu peut supporter avant le déclenchement d'un arc électrique. On utilise aussi l'expression champ disruptif qui est synonyme mais plus fréquemment utilisée pour qualifier la tenue d'une installation, alors que le terme rigidité diélectrique est plus utilisé pour qualifier un matériau. Pour un condensateur quand cette valeur est dépassée, l'élément est détruit. La valeur maximale de la tension électrique appliquée aux bornes, est appelée tension de claquage du condensateur.

b- Test de la rigidité électrique :

Les tests diélectriques sont mis en œuvre dans l'industrie pour le contrôle de produits, appareils ou équipements d'une très grande diversité.

Ils ont pour but soit l'étude des propriétés de tenue aux tensions élevées et d'isolement de matériaux isolants, soit la vérification de la conformité aux normes de sécurité des composants ou équipements électromécaniques et électroniques.

En milieu industriel et dans une moindre mesure en laboratoire, il est parfois difficile d'interpréter les résultats et principalement lorsque ceux-ci sont en dehors des limites souhaitées ou incohérents et conduisent à un refus du produit testé par un service vérificateur.

Lorsque le défaut n'est pas répétitif ou que les résultats sont très proches des valeurs limites autorisées cela entraîne généralement des litiges.

Les tests diélectriques représentés par les essais de rigidité et les mesures de résistance d'isolement nécessitent un mode opératoire et des conditions parfaitement définies pour être valables, répétitives et non contestables.

Le principe d'un essai de rigidité diélectrique est d'appliquer une tension (continue ou alternative) entre les points définis et après stabilisation de la tension de vérifier qu'il n'y a pas un courant de fuite supérieur à la valeur nominale admissible dû à des phénomènes de claquage ou de décharges disruptives (dans l'air ou dans les matériaux isolants).

La sanction de défaut est déterminée par l'analyse de la forme, de l'amplitude et du temps de maintien du courant fourni par le générateur à l'élément en test et par comparaison avec une consigne déterminée.

c- Choix de la tension d'essai :

Les essais de rigidité diélectrique devant permettre de vérifier que des matériaux ou des équipements répondent aux exigences des normes, il est important de se référer à ces normes pour choisir la tension de mesure.

En l'absence d'indication concernant la valeur de tension d'essai, une règle habituelle est d'appliquer la formule suivante :

$$U_{essai} = 2 \times U_{nominal} + 1000 \text{ volts}$$

Essais de rigidité en tension alternative :

✓ **Avantage :**

L'échantillon est éprouvé avec les 2 polarités de tension.

o **Inconvénients:**

La plupart des échantillons testés présentant une certaine valeur de capacité, la source HT doit fournir le courant de fuite et le courant réactif, ce qui entraîne un surdimensionnement du générateur d'où une augmentation de son prix, de son poids et une diminution de la sécurité de l'opérateur qui se trouve exposé à des courants plus élevés.

Nécessite d'ajuster le seuil de courant de fuite permanent (IMAX) en fonction de la capacité de chaque échantillon.

Dans le cas d'un produit utilisé en final sous une tension continue, l'essai en tension alternative peut avoir des conséquences gênantes sur sa durée de vie en raison notamment de l'échauffement.

Essais de rigidité en tension continue :

✓ **Avantage :**

La puissance de la source HT peut être inférieure à celle nécessaire en alternatif (poids moindre et sécurité pour l'utilisateur). Le courant ne circule dans l'échantillon que durant la phase de charge.

o **Inconvénients :**

Le courant de charge peut faire déclencher la détection de claquage.

L'échantillon ayant été chargé il faut le décharger au travers de la résistance de décharge incorporée dans les appareils (1,5 MΩ). Attention attendre suffisamment pour que la capacité de l'échantillon se soit déchargée avant de le déconnecter de l'appareil soit d'environ 8 secondes par μF.

L'échantillon n'est essayé que dans une seule polarité.

La tension d'essai doit être supérieure à celle prévue en alternatif. Une règle simple est d'utiliser le facteur de correction 1,4 (racine carrée de 2 = rapport entre la valeur efficace d'un signal alternatif et sa valeur crête) entre la tension continue et la tension alternative :

$$U_{continue} = 1,4 \times U_{alternative}$$

III-2) Hardware & software:

III-2-1) Instrument de test: [6]

Ce test se fait par l'intermédiaire d'un testeur de rigidité électrique HIPOT TESTER.

L'instrument de test qu'on a utilisé est le suivant :

Figure 44 :Hipot tester CHROMA 19053.

Le test de la rigidité se fait avec une puissance de sortie maximale en AC de 150VA (5 kV, 30 mA), en DC: 60VA (6KV, 10mA).

Le test de la résistance d'isolement possède une plage de mesure qui peut aller de 0.1MΩ à 50GΩ et la tension d'essai est comprise entre 50V et 1000V.

Le testeur est équipé d'un port GPIB et un port série RS232 pour communiquer avec des périphériques externes.

a- Panneau de la face avant :

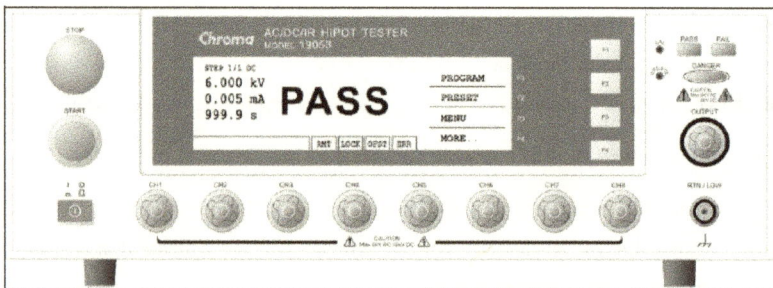

Figure 45: Face avant du Hipot tester CHROMA 19053.

Le côté droit de l'écran LCD comporte des touches (F1-F4) qui correspondent successivement aux descriptions (PROGRAM-PRESET-MENU-MORE..). Si la description est vide, cela signifie que la fonction correspondante est invalide.

Zone d'affichage

RMT : Lorsque cette zone est mise en surbrillance, cela signifie que l'unité principale est contrôlée par PC via le câble de raccordement GPIB/RS232 et toutes les touches sont inactives à l'exception de [STOP], [LOCAL] et [MORE..].

NB : En liaison RS232, le mot «RMT» sur l'écran LCD ne sera pas mis en surbrillance que lorsqu'on met le commande: SYSTem :LOCk :REQuest ?. Lorsque le mot «RMT» n'est pas mis en surbrillance, toutes les touches peuvent être utilisées.

LOCK : Lorsque cette zone est mise en surbrillance, cela signifie que l'unité principale est en cours de paramétrage.

OFST : Lorsque cette zone est mise en surbrillance, cela signifie que le courant de fuite a été mis à zéro.

ERR : Lorsque cette zone est mise en surbrillance, cela signifie qu'il y a des erreurs qui se trouvent en file d'attente.

LED de Danger : L'indication de l'état du test. Lorsque la LED est allumée, le testeur est en cours de test.

PASS LED : Lorsque cette LED est allumée, cela signifie que le dispositif testé a passé le test sans problème.

FAIL LED : Lorsque cette LED est allumée, cela signifie que le dispositif testé a échoué au test.

b- Panneau de la face arrière :

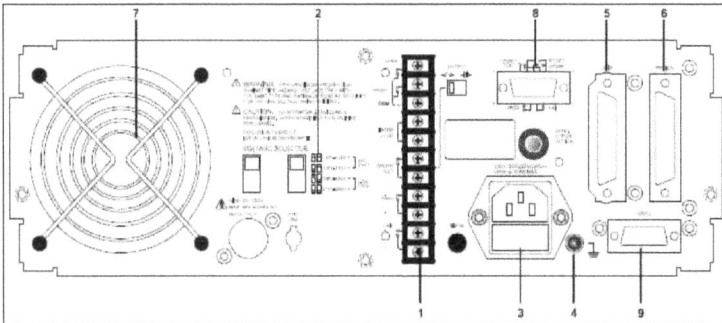

Figure 46: Face arrière du Hipot tester CHROMA 19053.

1. Contrôle I/O:

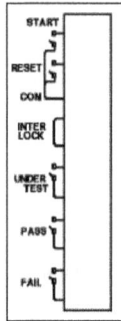

Figure 47: Panneau de contrôle I/O.

START: Borne d'entrée pour le démarrage du test	**STOP(RESET):** Borne d'entrée pour l'arrêt du test
PASS: Lorsque le testeur valide le test d'un dispositif, ce contact est court-circuité	**Output Switch:** Quand ce commutateur est mis sur le symbole ⌐⌐, la sortie UNDER
INTER LOCK: Sortie que lorsque les deux dernières bornes sont court-circuitées	TEST sera court-circuitée lorsque le testeur est en cours de test, lorsque ce commutateur est mis sur le
UNDER TEST: Lorsque le testeur est entrain de tester, cette sortie est court-circuitée	symbole ⊣‖⊦, la sortie UNDER TEST génère une tension de 24V, cette tension peut être utilisée pour
FAIL: Lorsque le dispositif testé est faillible, ce contact est court-circuité	alimenter un électrovanne, une bobine...

Tableau 28: Les fonctionnalités du panneaux I/O de Croma19053.

2. Sélecteur de la tension du secteur.

3. La prise d'alimentation.

4. La terre.

5. INTERFACE GPIB (OPTION).

6. OPTION: Port d'imprimante.

7. FAN: le ventilateur de contrôle de température. Lorsque la température atteint 50 °C, le ventilateur démarre automatiquement, lorsque la température est inférieure à 45 °C, le ventilateur s'arrête.

8. 9 pins D connector: Même fonctionnement de 1.

9. Interface RS232.

c- Réglage du programme :

Réglage de la procédure de test :

1. Dans le menu, on appuie sur PROGRAM (fonction F1), puis on entre les réglages comme suit :

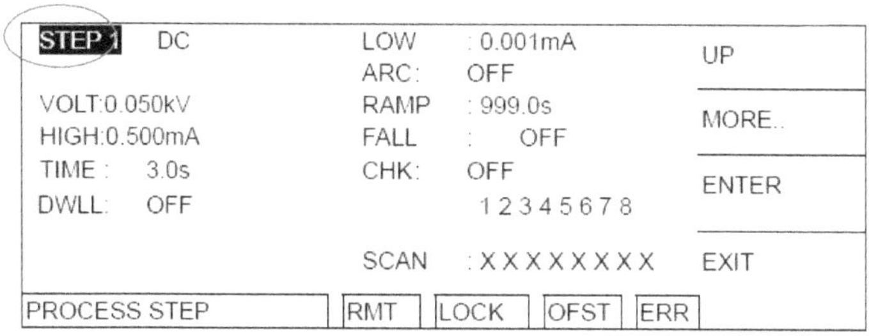

```
STEP 1    DC          LOW    : 0.001mA        UP
                      ARC:     OFF
VOLT:0.050kV          RAMP   : 999.0s         MORE..
HIGH:0.500mA          FALL   :   OFF
TIME :    3.0s        CHK:     OFF            ENTER
DWLL:    OFF                 1 2 3 4 5 6 7 8

                      SCAN   : X X X X X X X X   EXIT

PROCESS STEP       RMT   LOCK   OFST   ERR
```

Figure 48: Réglage de la procédure de test.

2. Après être entré dans le menu réglage du programme, on utilise les touches de fonction UP on sélectionne la   procédure d'essai à   définir,   on   peut   programmer   jusqu'à 99.

3. On appuie sur ENTRER et on déplace le curseur en surbrillance au paramètre qu'on veut définir.

Sélection du mode de test:

1. Après être entré dans le menu réglage du programme, on appuie sur la touche ENTRER pour déplacer le curseur en surbrillance vers la position suivante.

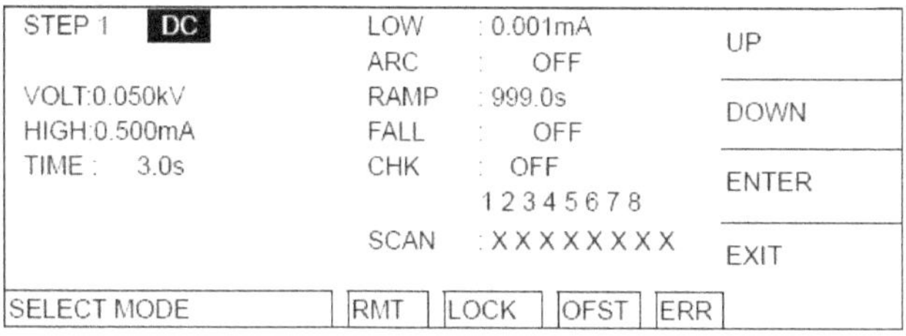

```
STEP 1    DC          LOW    : 0.001mA        UP
                      ARC    :   OFF
VOLT:0.050kV          RAMP   : 999.0s         DOWN
HIGH:0.500mA          FALL   :   OFF
TIME :    3.0s        CHK    :   OFF          ENTER
                            1 2 3 4 5 6 7 8
                      SCAN   : X X X X X X X X   EXIT

SELECT MODE        RMT   LOCK   OFST   ERR
```

Figure 49: Sélection du mode de test.

2. On Utilise la touche de fonction UP, DOWN pour sélectionner le mode du test : AC / DC / IR.

VOLT: Tension réglée pour la rigidité électrique	**ARC:** réglage du courant d'arc maximal, l'entrée OFF signifie 0
HIGH: Courant de fuite maximal	**RAMP:** Durée de la charge, l'entrée OFF signifie 0
TIME: Durée de test, l'entrée 0 signifie que le test est continu	**FALL:** Durée de décharge, l'entrée OFF signifie 0
LOW: Courant de fuite minimal, l'entrée OFF signifie 0	**REAL:** Courant réel maximal, l'entrée OFF signifie 0

Tableau 29: Les modes de test de Croma19053.

La procédure de test (AC / DC / IR).

- Le filtre étant raccordé.

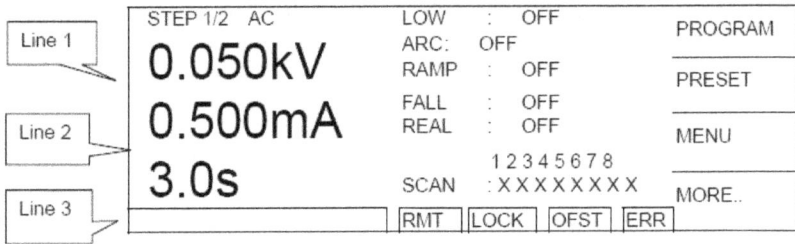

```
              STEP 1/2   AC          LOW    :   OFF
 Line 1                              ARC:   OFF            PROGRAM
              0.050kV                RAMP   :   OFF
                                                          PRESET
                                     FALL   :   OFF
 Line 2       0.500mA                REAL   :   OFF
                                                          MENU
                                         1 2 3 4 5 6 7 8
              3.0s                   SCAN  : X X X X X X X X
 Line 3                                                   MORE..
                                     RMT   LOCK   OFST   ERR
```

Figure 50: Constituants de la procédure de test (AC / DC / IR).

STEP 1/2 veut dire qu'il y a 2 procédures de tests au total. AC signifie le mode de test. "Ligne 1" Tension de test, "Ligne 2" Courant max, "Ligne 3" Durée de test. Les résultats des tests seront affichés sur la liste des états.

- On appuie sur le bouton START pour démarrer le test.

Une fois actionné le testeur commence à délivrer la tension préréglée. En même temps, la LED DANGER sera allumée, la liste d'états indique « UNDER TEST»

NB:

"Ligne 1" La tension de sortie croit progressivement suivant la durée de test;   "Ligne 2" montrera le relevé du courant.   "Ligne 3" La durée préréglée s'écoulera.

- Test réussi :

Quand l'écran affiche PASS, la sortie sera mise hors tension.

- Test infaillible :

Quand l'écran affiche FAIL, la sortie sera mise hors tension.

Anomalies possibles	Explications
HI	La valeur de la résistance d'isolement est supérieure à la valeur maximale
LO	La valeur de la résistance d'isolement est inférieure à la valeur minimale
ARC	Le courant d'arc est supérieur à la valeur max
CHECK LOW	Le courant de charge est faible
ADV OVER	Lecture faussé de la tension due à un dépassement (overflow)
ADI OVER	Lecture faussé du courant due à un dépassement (overflow)
GR CONT	La mise à la terre lors du test n'est pas assurée
GFI TRIP	Interruption de la terre
AC REAL HI	La valeur du courant est supérieure à la valeur maximale

Tableau 30: Défauts possibles lors du test de la rigidité.

L'interface RS232 :

L'utilisateur peut commander l'appareil via le port RS232 pour la télécommande et le transfert de données

- Format de la commande : (Voir liste des commandes dans l'annexe : Tableau 1).

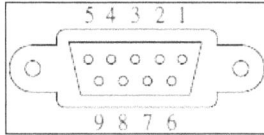

Figure 51: Brochage du RS232.

La longueur de la chaîne de commande est limitée en 1024 caractères [Commande + Paramètres].

- Le connecteur :

Broche	Nom	Type	Description
1	*	*	non utiliser
2	RD	E	Réception de données.
3	TD	S	Transmission de données.
4	*	*	non utiliser
5	SG	E	Masse du signal.
6-9	*	*	non utiliser

Tableau 31: Assignements des PIN du RS232.

- La méthode de connexion :

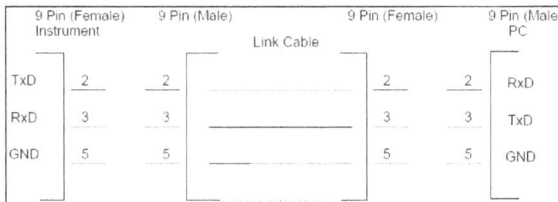

Figure 52: Méthode de la connexion du RS232 selon le type du connecteur.

III-2-2) Programmation graphique LabVIEW : [7]

LabVIEW est un logiciel de développement d'applications de la société américaine National Instruments basé sur un langage de programmation graphique appelé langage G.

C'est en 1986 que la première version de LabVIEW voit le jour sur Macintosh. Il s'ensuit un travail incessant pour ajouter des fonctionnalités.

Les ingénieurs et les scientifiques peuvent s'interfacer rapidement et de façon économique avec des matériels de mesure et de contrôle, analyser des données, partager des résultats et distribuer des systèmes via une programmation graphique intuitive.

a- Un logiciel dédié à la programmation instrumentale :

Les domaines d'application traditionnels de LabVIEW sont le contrôle/commande, la mesure, l'instrumentation ainsi que le test automatisé à partir d'un PC (acquisition de données, contrôle-commande, contrôle d'instruments de mesure, de dispositifs expérimentaux, de bancs de test). Cette vocation est consacrée par des bibliothèques de fonctions spécialisées (GPIB, VXI, PXI, cartes d'acquisition DAQ, traitement de données...), mais aussi par les particularités du langage G (parallélisme inhérent à l'exécution par flux de données) et de l'environnement de développement (pilotes de périphériques standards, assistants pour l'installation du matériel).

Le concept d'instrument virtuel qui a donné son nom à LabVIEW (**Lab**oratory **V**irtual **I**nstrument **E**ngineering **W**orkbench), se manifeste par la permanence d'une interface graphique pour chaque module (fonction) d'un programme. Les contrôles et les indicateurs de ce panneau avant constituent l'interface par laquelle le programme interagit avec l'utilisateur (lecture de commandes et de paramètres, affichage des résultats). Les fonctions de contrôle-commande de cartes ou d'instruments constituent l'interface par laquelle le programme interagit avec le montage.

Un programme LabVIEW permet donc d'automatiser un montage associant plusieurs appareils programmables, et réunit l'accès aux fonctionnalités de ce montage dans une interface utilisateur unique, véritable face avant d'un instrument virtuel.

b- Le langage G :

Pour le développeur, un programme en langage G se présente comme un schéma, le diagramme, réunissant différentes icônes reliées par des fils de couleur. Chaque fil symbolise le passage d'une donnée depuis une source dont elle sort (comme résultat), vers une cible où elle entre (comme paramètre).

Les diagrammes du langage G ont donc une signification bien différente de celle des schémas électroniques qu'ils évoquent parfois. Dans un diagramme LabVIEW, la donnée ne transite dans le fil qu'au moment où elle est générée par son icône source. L'icône cible ne commencera son exécution que lorsque toutes ses données d'entrée seront disponibles. Ce modèle d'ordonnancement par flots de données détermine l'ordre d'exécution des traitements du programme.

Une conséquence importante de cette règle est que les traitements qui n'échangent pas de données sont libres de s'exécuter en parallèle. Cette propriété du langage G facilite le développement d'applications multiprocessus, particulièrement intéressantes dans le cadre du contrôle de systèmes réactifs (embarqués ou non).

La conception des programmes en langage G conserve une approche essentiellement procédurale. Mariée à l'exécution par flots de données, cette approche procure de bons résultats dans le domaine de l'instrumentation. Elle est aussi la plus intuitive pour des ingénieurs ou des chercheurs souvent plus familiers des protocoles expérimentaux que des concepts informatiques.

Le support d'une conception orientée objet sous LabVIEW s'est développé de façon plutôt confidentielle avec tout d'abord le kit "GOOP" proposé par une société suédoise dès 1999, puis avec un support des notions de classe et d'héritage au sein même de l'environnement de développement 8.20, en 2006.

c- Évolution de LabVIEW :

Créé par Jeff Kodosky et présenté pour la première fois sur Macintosh en 1986, LabVIEW a étendu son usage au PC et à divers systèmes d'exploitation (Microsoft Windows, UNIX, Linux, Mac OS X...), ainsi qu'aux PDA sous Palm OS et Pocket PC sous Windows Mobile. Il s'est également développé en direction des systèmes embarqués et temps réel, en s'ouvrant par exemple à la programmation de circuits intégrés (FPGA).

d- Toolkits :

Il est possible d'étendre les fonctionnalités de LabVIEW en ajoutant des toolkits qui sont distribués séparément. La liste ci-dessous donne un inventaire de ses compléments :

- FPGA : pour la programmation de carte FPGA,
- PDA : Module NI LabVIEW Mobile pour les matériels portables type PDA sous Windows Mobile et Palm OS,
- Real Time : module pour la programmation temps-réel,
- Applications embarquées : pour les DSP, ARM, ADI Blackfin,
- Datalogging and Supervisory Control : pour le développement de superviseur pour les automates programmables industriels (Siemens, Télémécanique, Mitsubishi...),
- Vision : traitement des images, reconnaissance de formes, OCR.

e- Face-avant :

La face-avant est l'interface utilisateur du VI. La figure ci-dessous montre un exemple de face-avant :

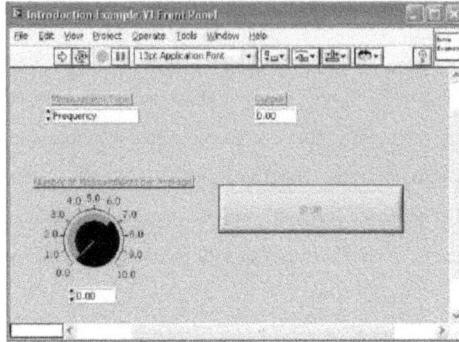

Figure 53: Exemple de face-avant en LabVIEW.

Vous construisez la face-avant à l'aide de commandes et d'indicateurs, qui sont respectivement les terminaux d'entrées et de sorties interactifs du VI.

Les commandes sont des boutons rotatifs, des boutons-poussoirs, des cadrans et autres périphériques d'entrée. Les indicateurs sont des graphes, des LED et autres afficheurs. Les commandes simulent les périphériques d'entrée d'instruments et fournissent les données au diagramme du VI. Les indicateurs simulent les périphériques de sortie d'instruments et affiche les données que le diagramme acquiert ou génère.

f- Diagramme :

Après avoir construit la face-avant, vous devez ajouter le code en utilisant les représentations graphiques des fonctions pour contrôler les objets de la face-avant. Le diagramme contient ce code source graphique. Les objets de la face-avant apparaissent comme des terminaux sur le diagramme. Vous ne pouvez pas supprimer un terminal du diagramme. Le terminal disparaît uniquement après que son objet correspondant dans la face-avant a été supprimé.

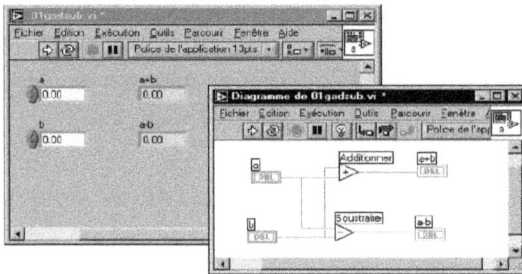

Figure 54: Exemple de face-avant et son diagramme correspondant.

III-3) Réalisation pratique du projet:

III-3-1) Interface homme-machine de test :

a- Schéma synoptique du projet:

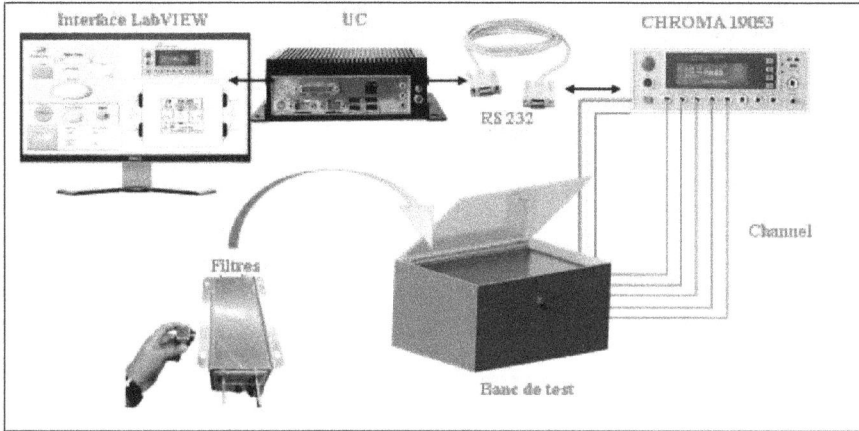

Figure 55: Schéma synoptique du projet.

b- Description de l'interface

L'interface Homme-Machine est conçue pour faciliter la tâche à l'opérateur durant le test, aussi lui aider à exploiter les résultats de test facilement.

Cette dernière est devisée en trois parties comme il est représenté dans la figure en dessous :

1. Cette partie est réservée pour lancer le test et pour exploiter les résultats du test.

2. Dans partie affiche les paramètres du filtre à tester.

3. Cette partie affiche l'image du filtre.

L'interface est facilement exploitable par l'utilisateur car les entrées sont simplifiée et facile à comprendre, encore elle permet de réaliser le test dans un temps < 4s suivant le passage présenter en dessous :

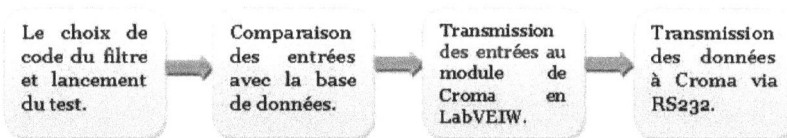

Figure 56: Procédure du test des filtres

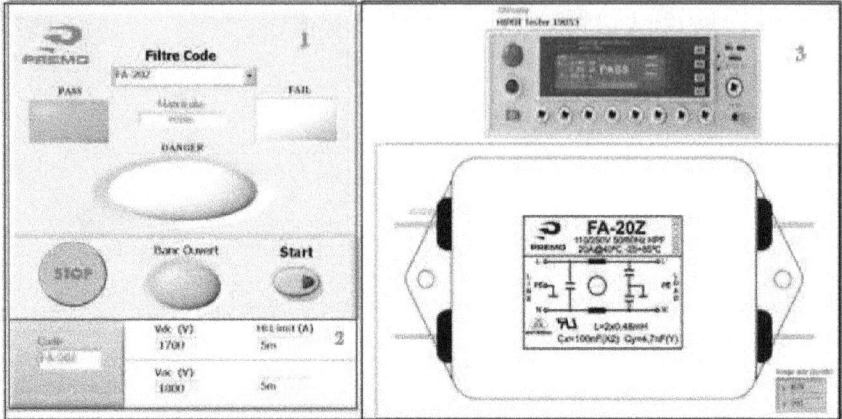

Figure 57: La face-avant de l'interface.

L'avantage de cette interface est qu'elle permet de minimiser le temps consacré à la configuration contrairement à la configuration manuelle surtout s'il s'agit de plusieurs STEP.

c- Configuration du Hipot Tester Chroma :

La réalisation du test électrique manuel avec Croma 19053 vaut une configuration des paramètres de filtre présente dans « PRODUCT DATA SHEET », celle la prend un temps précieux vue qu'il y a plusieurs procédures à introduire (Voir configuration du Croma).

Ainsi on a fait appel au « Database Connectivity Toolkit » dans LabVIEW, qui permet d'importer les données introduit en Access, pour les transmettre au module de configuration de Croma (Voir annexe B : Liste des PROGRAMMES, programme 1).

Figure 58: Les paramètres électriques des filtres introduits à la base de données Access

Pour que le module présenté en dessus puisse fonctionner correctement, on doit spécifier le chemin de la base de données, puis lui définir le tableau à utiliser, enfin lire et transmettre les données au module de configuration(Voir Les programme dans l'annexe B : programme 1, programme 3)La configuration de l'instrument de test se fait via le port série RS232, mais le programme ne fonctionne qu'après installation du driver NI VISA pour la communication série.

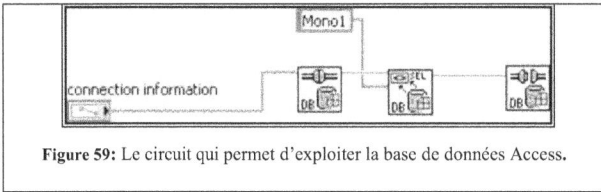

Figure 59: Le circuit qui permet d'exploiter la base de données Access.

Lorsque la configuration est terminée, le test est déclenché immédiatement à l'aide du partie TEST (Voir Les programmes dans l'annexe B : programme 5), dans cette partie le test est lancé via le RS232 et aussi l'état du test est déterminé; est-ce qu'il est « Pass » ou « Fail ».

d- Supervision des résultats obtenus :

Les résultats du test sont visualisés dans cette partie de l'interface, aussi c'est la où l'utilisateur choisie le type de filtre à tester et si le test est validé ou non.

La figure en dessous décrit chaque partie de l'interface :

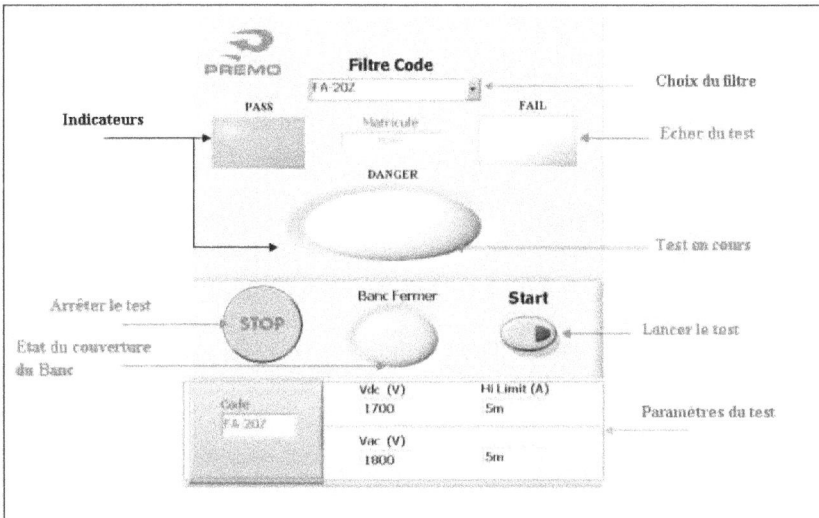

Figure 60: Description des différentes parties de l'interface du test.

Apres le lancement du test les résultats sont enregistrés automatiquement dans la base de données Access pour garder la traçabilité des tests. Cette opération est effectué par le programme 5 (Voir Les programme dans l'annexe B : programme 5) où toutes les détailles sont disponible dans la base de données tel que le code du filtre, le jour de test et par qui.

rigidite				
Numero du ▾	Code ▾	Date ▾	Etat du TEST ▾	Matricule ▾
	"code"	01/06/2012 17:	"PASS"	"matricule"

Toutes les tables ⊙ «
rigidite ⊼
☷ rigidite : Table

Figure 61: Le tableau d'Access ou les résultats du test sont enregistrés.

III-3-2) Description du banc de test :

Ce banc de test des filtres électriques permet le contrôle diélectrique, l'isolement, et le test de résistance, alors avoir un test des équipements en toute sécurité.

Notre programme LabVIEW permet l'automatisation de test électrique et l'enregistrement des données du test pour les exploiter ultérieurement.

a- Conception du banc :

Le banc est conçu pour supporté une multitude de formes des filtres (L<1m, l<0.7m) monophasé et triphasé. Il est encore équipé d'un bouton poussoir qui permet de monter la couverture du banc sans avoir besoin de le faire manuellement, grâce au ressort de torsion mis au niveau des paumelles.

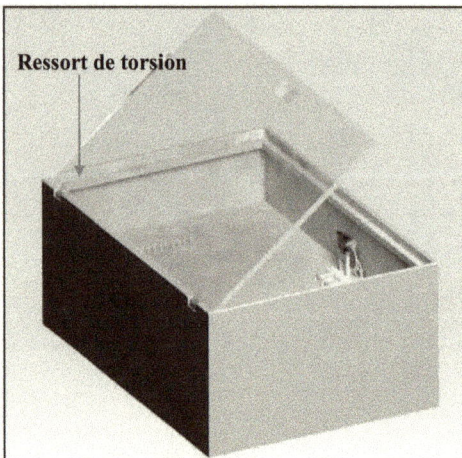

Figure 62: Conception du banc avec Catia .

b- Sécurité du banc :

Le test de la rigidité électrique représente un danger pour l'opérateur étant en contact direct avec les filtres à tester, sur tout si le filtre est chargé. Les filtres testés contiennent généralement des condensateurs ; en réalisant le test à des tensions élevées les condensateurs demeurent chargés et engendrent un danger à l'opérateur.

C'est pour ceci qu'on a conçu un banc qui lorsqu'il est ouvert interdit le démarrage du test de la rigidité. Aussi le filtre est déchargé automatiquement à l'ouverture du banc, grâce à la résistance de décharge lié au bouton poussoir qui permet d'ouvrir le banc.

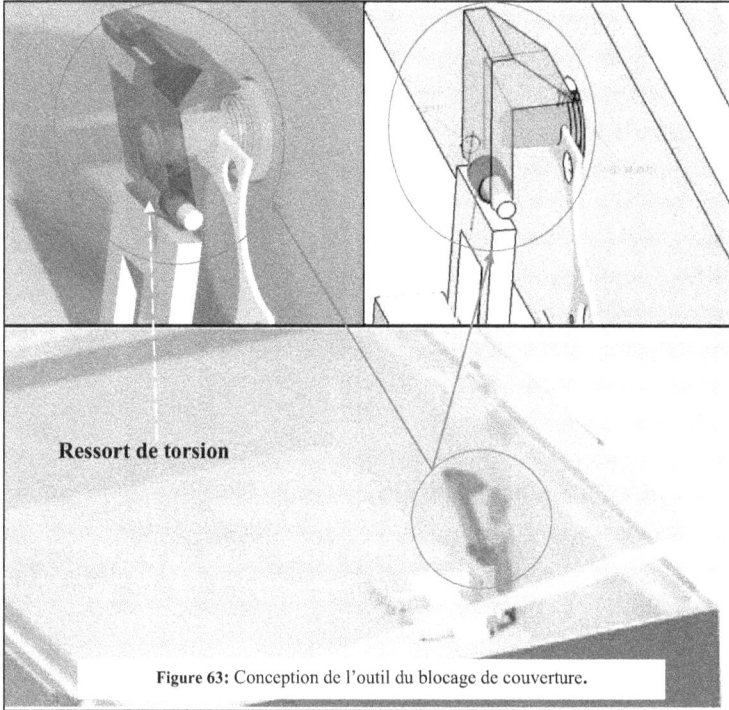

Ressort de torsion

Figure 63: Conception de l'outil du blocage de couverture.

Le banc est équipé de deux micro switch; l'un est relié à la borne START pour démarrer le test, l'autre est relié à la borne RESET ou STOP pour arrêter le test (Voir les figures dans l'annexe B : figure5).

III-3-3) Exemple d'un test pour un filtre monophasé de type FB-2Z:

Le test de rigidité électrique était réalisé pour le filtre type FB-2Z (voir Annexe B, liste des figure, figure 6), Les résultats obtenus pour le test sont enregistrées dans une base de données ACCESS en mentionnant la matricule de l'opérateur, la date et l'heure précise du test ainsi que le code du filtre.

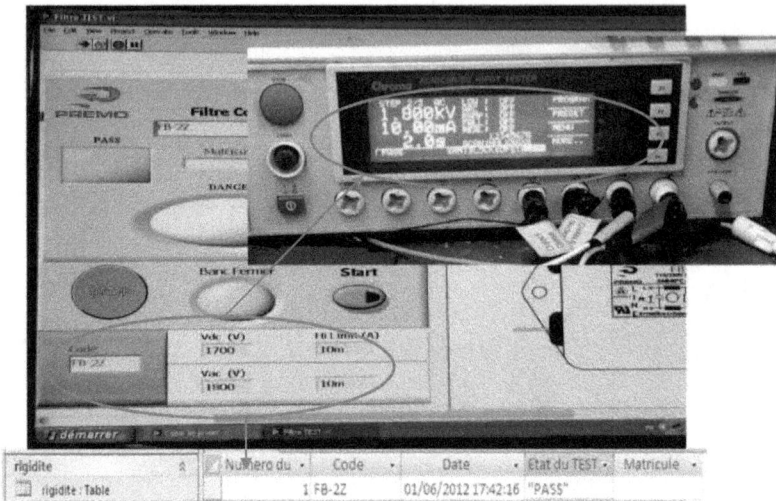

Figure 64: Exemple de test du filtre type FB-2Z.

III-3-4) Etude de la rentabilité du projet :

Le test de la rigidité électrique des filtres (configurations+mesures) se fait manuellement, par suite, les pertes en termes de temps de la production sont considérables, ajoutant aussi peut de personnel qui accepte ce poste.

On a pu relever la durée du test concernant des filtres qui est de l'ordre de 3 minutes, contrairement au test automatique qui dure 1 minute.

Le nombre des filtres testés manuellement par semaine arrive à 1500 filtres/semaines.

Les opérateurs travaillant sur la ligne de production des filtres électriques opèrent pendant 8 heures avec un coût horaire de 13 Dh. Il y a deux groupes d'opérateurs qui travaillent en alternance par jour.

Calcul du nombre des filtres testés de manière automatique par semaine :

16 heures de travail par jour donne :

16 h*60 min/1 min de test pour chaque filtre = 960 filtres par jour, Soit : 5760 filtres/semaine.

On constate une augmentation au niveau de la productivité comparé au test manuel avec une hausse de 5760 filtres/semaine au lieu de 1500 filtres/semaine.

III-4) Conclusion:

Dans cette partie, on a décrit le banc de test proposé comme moyen de sécurité lors du test de la rigidité électrique ensuite on a mis le point sur l'interface réalisé sous Labview : son paramétrage et ses fonctionnalité.

L'utilité de ce projet se manifeste dans :

- Limitation des erreurs manuelles de l'opérateur.
- Optimisation au maximum la durée du test - Gain de temps.
- Réduction des heures de service des opérateurs.
- Augmentation de la productivité.

Conclusion générale

Lors de notre stage au sein de la société PREMO, nous avons pu mettre en pratique des différentes connaissances acquises durant notre formation. De plus, nous nous sommes confrontés aux difficultés réelles du monde du travail et du management d'équipes.

Sur le plan technique et concernant la première partie qui traite l'amélioration du flux de production de la ligne 1103, on a travaillé sur trois différents aspects, à savoir la réduction de scrap, l'augmentation de la disponibilité des machines de production, et la réduction du temps de changements de série. A cet égard, nous avons suivi une méthode qui consiste en premier lieu à observer et hiérarchiser les causes potentielles des problèmes recensés puis cibler les causes racines et les analyser, pour ensuite proposer des solutions efficaces relatives à chaque type de problème. Après, on a mis en œuvre les solutions et les améliorations en prenant compte de leurs faisabilités.

Pour atteindre ces objectifs, on a utilisé des techniques et des méthodes qui sont largement utilisées dans l'industrie, tels l'AMDEC, la MSP, la maintenance préventive systématique, le SMED et les méthodes d'approvisionnement, Ceci est réalisé en suivant des démarches de résolution des problèmes comme les 5P et les 8D et les démarches de gestion de la qualité tels que les démarche PDCA et 6 sigma. Toutes ces techniques nous ont permis de proposer des solutions qui sont réalisables à court terme, et d'autres à long terme.

Enfin et en se basant sur les résultats cités dans le rapport, on conclut que nos objectifs ont été dument atteints et on tient à signaler que cet axe du projet présente une base à suivre pour améliorer le flux de la production de la ligne 1103. Cependant, une politique d'amélioration continue doit être suivie pour assurer la continuation de ces progrès, qui nécessitent que toutes les parties intervenantes dans l'entreprise respectent leurs engagements.
En outre, le deuxième axe de ce projet a comme objectif la conception et la réalisation d'un banc de test automatisé.

Vu le danger du test en haute tension (~5KV), nous avons conçu un système sécurisé permettant le test des paramètres des filtres type EMC, ainsi que la protection des opérateurs du poste de test de ces filtres. Cependant, on avait une autre contrainte, c'était le temps consacré au mesure, alors nous avons réalisé un système de contrôle et monitoring sous LabVIEW pour communiquer et contrôler les mesures de ce test.

Grâce à cette automatisation on a réduit considérablement le temps de mesure et amélioré la sécurité des opérateurs. Ensuite, nous avons réalisé une base de données pour stocker les informations relatives aux opérateurs ayant effectué les tests ainsi que les résultats des mesures.

Dans la réalisation de cette partie, on suit une démarche qui consiste à satisfaire le cahier des charges en proposant une solution intégrée optimale. Ainsi, l'entreprise peut profiter de cet axe du projet pour généraliser l'interface IHM pour les différents appareils de test et les différents filtres et partager la base de données sur son réseau local.

Finalement on peut dire que, d'une part, on a pu confronter les contraintes rencontrées durant ce projet vu le respect du cahier de charge et le délai.
D'autre part, on a pu s'intégrer assez facilement au sein de l'équipe. Du fait on a pu développer notre relationnel et en mesurer la diversité des personnalités, durant la collaboration avec des ingénieurs de services et spécialités différentes, on a mis en valeur notre autonomie et la prise de décision.

Références bibliographiques

[1] : François Blondel, Gestion industrielle, 2ème édition 2005

[2] : Maurice PILLET, Six Sigma Comment l'appliquer, 2ème édition 2005

[3] : Jean-Marc Galaire, LES OUTILS DE LA PERFORMANCE INDUSTRIELLE, édition 2008

[4] : Pierre Zermati, Pratique de la gestion des stocks, Fabrice Mocellin, édition 2006

[5] : Sefelec, LES ESSAIS DE RIGIDITE ET D'ISOLEMENT, édition 2004

[6] : Chroma Ate Inc, HIPOT Tester 19051/19052/19053/19054 User's Manual, Juillet 2010.

[7] : National Instruments, Database Connectivity Toolset User Manual, May 2001.

[8] : Alain COURTOIS, Maurice PILLET, Gestion de Production, 4ème Edition .

[9] : D.Cogniel, Y.Gangloff, Memotech : Maintenance industrielle,F.Castellazzi,.

[10] :Jean HENG,DUNOD, PRATIQUE DE LA MAINTENANCE PREVENTIVE.

[11] : Ronald W.Larsen, E-SOURCE, LabVIEW for Engineers.

[12] : Rick Bitter,Taqi Mohiuddin, LabView Advanced Programming Techniques, 2eme Edition.

[17] : Samoudi BOUSSELHAM, Court : Support de la MSP, Année universitaire 2011-2012.

Références Webographique

[13] : http://www.grupopremo.com/

[14] :http://www.technologuepro.com/cours-maintenance-industrielle/La-maintenance-industrielle.htm

[15] : http://www.logistiqueconseil.org/Articles/Logistique/Methode-8D.htm

[16] : http://www.scenaris.com/pdf/smed.pdf

Annexes

Annexe A:

La liste des tableaux

Tableau 1 : AMDEC processus

Caractéristiques Système Processus	Défaillance potentielle	Effets potentiels du défaut	Causes potentielles du défaut	État Actuel Actions de prévention, de contrôle envisagées	Gravité	Fréquence	Détection	Indice de Priorité de Risque IPR	Actions correctives recommandées	État après correction Actions correctives appliquées	G	F	D	IPR
1. Réception des matières premières	Quantité de matières premières ne correspond pas à celle déterminée par l'ordre d'achat	Problème avec l'ordre d'achat	processus de livraison	Planification de production	4	1	1	4	Réclamation au fournisseur. Stock de Sécurité, remplacement dans les 24-48 heures	Réclamation au fournisseur. Stock de Sécurité, remplacement dans les 24-48 heures	3	1	1	3
	Caractéristiques du Matériel en dehors des spécifications	Pièces fabriquées en dehors de spécifications	Processus de livraison	Audit qualité	4	1	1	4	Réclamation au fournisseur. Stock de Sécurité, remplacement dans les 24-48 heures	Réclamation au fournisseur. Stock de Sécurité, remplacement dans les 24-48 heures	3	1	1	3
	Erreur interne d'ordre d'achat	Livraison de matière première non adéquate	Processus d'achat	Processus de confirmation d'ordre d'achat	4	1	1	4	Aucun	Aucun	4	1	1	4
2. Processus d'agrafage	Agrafé non fermée	Assemblage plastique-ferrite non-conforme	Agrafeuse non ajustée, les restes de la poussière métallique des agrafes	Capteurs situés dans l'agrafeuse et contrôle visuel par échantillonnage	4	2	2	16	Nettoyage périodique des outils de l'agrafeuse	Inclure le nettoyage des outils de l'agrafeuse dans le plan de maintenance préventive systématique. Inspection visuelle par échantillonnage	4	1	2	8
	1 ou 2 agrafes manquants	Bobine ouverte	Outil de coupage des fils d'étain cassé	Capteurs situés dans l'agrafeuse et contrôle visuel par échantillonnage	4	2	2	16	Surveillance périodique du fonctionnement des capteurs	Inclure la surveillance du fonctionnement des capteurs dans le plan de maintenance préventive systématique. Inspection visuelle par échantillonnage	4	2	1	8
	Plastique cassé	Assemblage avec le non-ferrite conforme	déréglage de l'agrafeuse	inspection visuelle	4	3	2	24	Surveillance périodique du fonctionnement des capteurs	Inclure la surveillance du fonctionnement des capteurs dans le plan de maintenance préventive systématique. Inspection visuelle par échantillonnage	4	2	2	16
	Agrafé déformée	Bobine ouverte	déréglage de l'agrafeuse	inspection visuelle	4	2	2	16	Surveillance périodique du fonctionnement des capteurs	Inclure la surveillance du fonctionnement des capteurs dans le plan de maintenance préventive systématique. Inspection visuelle par échantillonnage	4	2	2	8
									Nettoyage périodique de l'outil de l'agrafage	Inclure le nettoyage de l'outil de l'agrafage dans le plan de maintenance préventive systématique. Inspection visuelle par échantillonnage	4	1	2	8
3. Processus d'assemblage	ferrite Brisé dans le processus pick & place	ferrite rompue lors du processus de montage par le client	tête de pick & place frappe la ferrite contre la plaque	100% inspection visuelle	4	2	2	16	Surveillance périodique du fonctionnement des capteurs	Inclure la surveillance du fonctionnement des capteurs dans le plan de maintenance préventive systématique. Inspection visuelle par échantillonnage	4	1	2	8
									Révision périodique des ressorts et des roulements linéaires	Inclure la surveillance des ressorts et des roulements linéaires dans le plan de maintenance préventive systématique. Inspection visuelle par échantillonnage	4	1	2	8

Processus	Mode de défaillance	Effet	Cause	Moyen de détection actuel	G	O	D	Criticité	Action corrective	Action recommandée	G	O	Criticité
4. processus de cuisson	Ferrite collé sur le mauvais coté	Pièce non-conforme	Mauvaises vibrations du chargeur de ferrites	100% inspection visuelle	4	1	2	8	Révision périodique du fonctionnement du chargeur de ferrites	Inclure la révision périodique du fonctionnement du chargeur de ferrites dans le plan de maintenance préventive systématique. Inspection visuelle par échantillonnage	3	1	4
	Trop grande quantité d'adhésive dépensée	Excès de colle autour de l'assemblage	Réglage impropre des paramètres de distribution de l'adhésif	Contrôle des paramètres adéquats du distributeur de l'adhésif	3	4	2	24	Système de vision artificiel 100%	Système de vision artificiel 100%	3	2	6
	Quantité trop faible ou nulle de l'adhésif distribué	Pièce non-conforme	Réglage impropre des paramètres de distribution de l'adhésif	Contrôle des paramètres adéquats du distributeur de l'adhésif	4	4	2	32	Système de vision artificiel 100%	Système de vision artificiel 100%	4	2	8
	Mauvaises pièces sont considérées comme des bons	Pièce non-conforme	Incompatibilité du système d'éclairage du système	Mettre en place un check list et un plan de maintenance	4	1	5	20	Autocalibration du système de vision artificielle	Autocalibration du système de vision artificielle	4	1	8
									Vérifier le système d'éclairage	Inclure la vérification du système d'éclairage dans le plan de maintenance préventive systématique	4	2	8
	ferrite plastique non alignés	pièce en dehors des spécifications dimensionnelles	Trop de jeu dans l'outillage de montage	100% inspection visuelle	4	3	4	48	Ajout d'un outil d'alignement longitudinal	Aucun	4	2	32
									Nettoyage périodique de l'outil	inclure le nettoyage de l'outillage dans le plan de maintenance préventive systématique	4	2	32
	Assemblage brûlé ou non collé	Assemblage non-conforme	Température incontrôlée dans le four	Afficheur indiquant la température	3	3	2	18	Vérifier la température dans le four	Inclure dans le plan de la maintenance préventive systématique	3	2	12
	Difficulté à éjecter les pièces des plaques métallique	fissures et ruptures dans le corps de la ferrite	Plaque métallique non nettoyée	Nettoyage de la plaque métallique après usage	4	3	1	12	Suivi de la procédure d'éjection des pièces	Suivi continu du processus d'éjection	4	2	8
5. Processus du bobinage et du soudage	Soudage imprécis	Bobine s'ouvre dans le processus de montage par le client	100% inspection visuelle + 100% test électrique	Désalignement du diamant soudeur. Mauvais ajustement du mécanisme de soudage	4	2	2	16	Suivi des critères d'approbation des opérateurs pour les soudages imprécis	Suivi des critères d'approbation des opérateurs pour les soudages imprécis. Application stricte du plan de la maintenance préventive.	4	2	8
	Bobine brulée	Désalignement des spires de la bobine	Température du soudage trop élevée	Contrôle de température + 100% inspection visuelle	4	3	2	24	Éviter une grande pression sur les agrafes	implémenté	4	1	8
	fil collé/libre	Bobine s'ouvre dans le processus de montage par le client	La détérioration de l'état de surface des diamants du soudage influe sur sa précision	100% inspection visuelle + 100% test électrique	4	2	2	16	Changement des diamants	Inclure dans le plan de la maintenance préventive systématique	4	1	8
	Fil court	Bobine s'ouvre dans le processus de montage par le client	Température non suffisante au point de soudure/ disc à une imprécision de la tête du diamant soudeur	100% inspection visuelle	4	2	2	16	Nettoyage du diamant de soudure	Inclure dans le plan de la maintenance préventive systématique	4	1	8
	Plastique brulé	Désalignement entre la tête de soudage et la bobine	Paramètres inconvenable de la pression et de la température dans le dispositif du soudage	100% inspection visuelle	4	3	2	24	Révision des paramètres d'alignement de la machine du soudage	Inclure dans le plan de la maintenance préventive systématique	4	2	8
									Ajustement des paramètres de la pression et de la température dans le mécanisme du soudage	Inclure dans le plan de la maintenance préventive systématique	2	2	8
	Fil coupé	Désalignement entre la tête de soudage et le bord de l'agrafe	Plastique non-conforme	100% inspection visuelle	4	3	2	24	Utilisation d'un plastique thermodurcissable plus rigide	Aucun	2	2	8
		Bobine ouverte	Désalignement entre la tête de soudage et le bord de l'agrafe	100% Test Électrique, 100% inspection visuelle	4	2	2	16	Ajustement des paramètres de la pression et de la température dans le mécanisme du soudage	Inclure dans le plan de la maintenance préventive systématique	4	2	16
	Bobinage non conforme	Bobine ouverte	Bobines se choquent entre elles lors du passage par le convoyeur	100% Test électrique, 100% inspection visuelle	4	2	2	16	Introduire un capteur dans le convoyeur pour éviter les chocs	Implémenté	4	1	8

Processus	Mode de défaillance	Effet	G	Cause	F	Contrôle actuel	D	NPR	Action recommandée	État	G	F	D	NPR
	Pièces tombées par terre	Pièces perdues et endommagées	2	Même si le vibreur de l'alimentation est plein, le vibreur ne s'arrête pas et cela peut faire tomber les pièces par terre.	5	Aucun	2	20	Installation d'un senseur pour la détection de remplissage du vibreur linéaire de l'alimentation, une fois que la piste est pleine, le vibreur s'arrête	Aucun	2	2	2	8
	Machine chargée avec matière première non appropriée	Fabrication hors des spécifications	2	Lors du chargement des pièces au niveau de la machine de bobinage, le piston peut inadéquatement lever la pièce vers les mandrins et la jette par terre	4	Aucun	1	8	Installation d'un senseur de détection de la présence de la pièce avant le chargement sur mandrins	Aucun	2	1	1	2
	Mauvaise configuration du code de produit dans les machines	Fabrication hors des spécifications	4	Mauvaise mise en place	3	Audits interne / Introduire au check-list	4	48	Amélioration de l'identification de la matière première	Implémenté	4	4	1	16
6. Processus de moulage	Bulles sur la surface supérieure	Problèmes pendant le processus de moulage chez le client	4	Mauvaise mise en place	1	100% Test électrique, 100% inspection visuelle	2	8	Aucun	Aucun	4	2	1	8
	Surface du moulage dégradée	Pièces en dehors des spécifications dimensionnelles	4	Quantité de colle n'est pas suffisante / Problème dans l'unité de distribution	2	Aucun	3	24	Inspection visuelle	Implémenté	4	1	2	8
		Quantité du moule injecté variable	4	L'adhésif du moulage se propage et couvre la surface de la cavité du moulage	4	100% inspection visuelle	1	16	Purger le circuit pneumatique de l'injecteur de moulage	Inclure dans le plan de la maintenance préventive systématique	4	2	1	8
			4	L'injecteur est activé par une électrovanne durant un laps du temps ce qui donne la possibilité d'injecter une quantité variable	2	Temporisateur	1	8	Moulage avec un carrier (moule) plus large	Aucun	4	3	1	12
			4	Chute de tension dans le circuit pneumatique d'injection	2	Aucun	1	8	Mettre en place un régulateur de température	Mettre en place un régulateur de température	4	2	1	8
			4		2		1	8	Utilisation d'un nouveau système de distribution (volumétrique)	Aucun	4	1	1	4
			4		2		1	8	Mettre en place un régulateur de pression	Aucun	4	1	2	8
	Des restes de l'adhésif demeure incuit	Des restes de l'adhésif subsiste dans la cavité	4	Défaillance dans le fonctionnement du four	4	Surveillance du fonctionnement du four, inclure dans le plan de maintenance préventive.	1	16	Surveillance du fonctionnement du four, inclure dans le plan de la maintenance préventive systématique	Inclure dans le plan de la maintenance préventive systématique	4	1	1	4
	LA pièce moulé sur le mauvais côté	Moulage mal position	4	le pick & place prend la pièce à partir des mandrins de la bobineuse et la met sur le convoyeur, et si sa hauteur est mal ajustée il peut la mettre à l'envers	2	Aucun	1	8	Révision et ajustement des P&P	Inclure dans le plan de la maintenance préventive systématique	4	1	1	4
7. Inspection visuelle	Rejet des pièces conformes	Augmentation du taux de scrap	3	Différentielles interpretations des limites d'acceptation des défauts pour le manque du moulage	1	Audits internes	4	12	Réviser les pièces rejetées par manque du moulage par le département de la qualité pendant une semaine, et lors de la détection d'un problème, informer l'operateur pour éliminer ses ambiguïtés	Réviser les pièces rejetées par manque du moulage par le département de la qualité pendant une semaine, et lors de la détection d'un problème, informer l'operateur pour éliminer ses ambiguïtés	4	1	1	4
	Mauvaises pièces non rejetées	Mauvaises pièces qui passent au processus suivants	3	Manque d'entrainement de l'operateur	2	audits internes / contrôle du prochain processus	3	18	Gérer les réclamations des clients et planifier des formations pour les opérateurs chargés de l'inspection visuelle	Aucun	3	3	1	9

Étape du procédé	Mode de défaillance	Effet	Cause	Sév.	Contrôles actuels	Occ.	Dét.	RPN	Actions recommandées		Sév.	Occ.	RPN	Actions recommandées (systématique)		Sév.	Occ.	RPN
8. Test électrique	Pièce ne respecte pas les spécifications (mauvaise inductance)	La pièce ne marche pas comme il faut chez le client	L'équipement est n'est pas bien corrélé ou calibré à la fréquence du fonctionnement	4	L'interface du logiciel installé sur l'ordinateur du système de mesure lance un signal d'alarme / audits interne	3	1	12	Inclure étalonnage dans le plan de maintenance préventive	Mise en place d'une carte de contrôle	4	2	8	Inclure étalonnage dans le plan de maintenance préventive systématique	Mise en place d'une carte de contrôle	4	2	8
	Bobine ouverte	La pièce ne marche pas comme il faut chez le client	les aiguilles de mesures peuvent couper les fils de la bobine	4	Aucun	2	3	24		Aucun	4	1	4		Aucun	4	1	4
9. Chargement des pièces dans la bande transporteuse	force de fixation de la bobine dans la cavité variable	Pièces pourrait chuter de bande porteuse si la bande de couverture n'est pas assez serrée ou il peut être difficile à dérouler si la bande de couverture est trop serrée	Variation de l'ajustement à bande porteuse	4	audits interne	1	1	4		Aucun	4	1	4		Aucun	4	1	4
10. Étiquetage et emballage	Mauvais étiquetage	Problèmes de logistique	Erreur dans le processus de l'étiquetage	4	Audit interne	1	2	8		Aucun	4	2	8		Aucun	4	2	8

Tableau 2 : **Plans de maintenance préventive systématique des machines de la ligne 1103**

INTERVENTION	FREQUENCE	
Electrique		
- Contrôler le fonctionnement des moteurs électriques (ampérage,bruit, échauffement, ventilation...)		
- Vérifier le moteur chargé de tourner le plateau sur lequel les outils de formage sont montés.	T	
- Les 2 autres moteurs chargés de dévider les bobines de fil de l'étain. (Il faut vérifier qu'à chaque fois qu'on active le capteur de position des bobines, le moteur tourne et que le mouvement est continu)		
- Vérifier le fonctionnement du capteur de décharge.	W	
- Vérifier le Capteur de remplissage du vibreur linéaire et le capteur de détection des pièces à la fin du rail linéaire.	2 W	
Vérification du fonctionnement de l'amplificateur chaque trimestre.	T	
surveillance du fonctionnement des capteurs	M	
Vérifier l'état des câbles et du capteur (éliminer les causes des court-circuits).	T	
Surveillance périodique du fonctionnement des capteurs	M	
- Vérifier l'état des cartes électronique.	T	
Mécanique/ Pneumatique		
- Contrôler l'état des flexibles et de l'étanchéité des raccords, Assurez vous qu'il n'y a pas une présence de fuite d'air.	M	
- Vérifier que les manomètres indiquent les différentes pressions de la machine.	W	
- Contrôler l'état de l'étanchéité des distributeurs.	M	
- Tester à l'aide du microscope les agrafes formées par la machine.	W	Agrafeuse
Nettoyage périodique de l'outil de l'agrafage	J	
Nettoyer par trimestre de la matrice.	T	
Vérification à chaque trimestre de la fixation du vérin.		
Vérificatier mensuelle de l'état des joints.	M	
Vérifier de l'installation du circuit pneumatique chaque 2 semaine.	2S	
- Vérifier l'état de la courroie (usure).		
- Vérifier l'état des Lames (usure,cassure...).	M	
- Vérifier l'état des roulements et les lubrifier.		
- Vérifier l'état du vérin (bruit,fuite d'air...).	M	
- Démonter le couvercle du vibreur linéaire et nettoyer le guide avec de l'alcool.	T	
- Vérifier le nettoyage et l'état de l'outil de formage.		
- Vérifier le formage des agrafes sur le plastique (Examiner à l'aide d'une loupe des pièces sélectionné de chaque outil.).	2 W	
- Vérifier que le Pick&Place charge et place les pièces de plastique dans l'outil à une vitesse normale.		
- Vérifier l'état de la courroie chargée de transmettre le mouvement du moteur au plateau tournant central.	T	
- Nettoyer la matrice de formage de la machine.	W	
- Vérifier tous les boulons de serrage de la machine.	S	
Divers		
- Contôler la sécurité et la proproté de la machine.		
- Vérifier l'état de la brosse avec laquelle on nettoie la matrice pendant chaque tour.	W	
- Vérifier tout le chemin que suit Le fil d'étain depuis la bobine jusqu'à la fin, il ne faut pas qu'il y a de poussière.		

INTERVENTION	FREQUENCE	
Electrique		
- Vérifier les niveaux de détection des capteurs de lumières.	2 W	
- Vérifier l'interrupteur du Pick&Place de la ferrite qui détecte le mal positionnement de la ferrite sur la tablette..	2 W	
- Nettoyer le support de capteur (poussière...). - Vérifier l'état des câbles et connexion du capteur.	M	
Assurer du bon fonctionnement de l'amplificateur.	T	
Réviser périodiquement le fonctionnement du chargeur de ferrites		
Vérifier la température dans le four	M	
Vérification mensuelle du fonctionnement de capteur.		
- Vérifier l'état des cartes électronique.		
Mécanique/ Pneumatique		
- Contrôler l'état des flexibles et de l'étanchéité des raccords, Assurez vous qu'il n'y a pas une présence de fuite d'air.	M	
- Vérifier que les manomètres indiquent les différentes pressions de la machine.	W	
- Contrôler l'état de l'étanchéité des distributeurs.	M	
Vérification par trimestre du fixation du vérin.	T	Assembleuse
Vérification par trimestre de l'état du circuit pneumatique. Vérification par trimestre de l'état de la tablette.		
- Vérifier la hauteur des venteuses.	M	
- Vérifier les tubes du circuit pneumatique (bull d'eau...).	T	
- Vérifier les joints toriques « des Dispensateurs de Seringue ».	W	
- Vérifier l'état des tablettes d'aluminium sur lesquelles se monte le couple plastique+ferrite.	T	
- Vérifier que le «cintreur automatique» accompli sa fonction au centre de la pièce. Les pinces ne doit pas toucher les autres pièces en s'ouvrant ni dégrader la pièce en réalisant le cintrage.	2 W	
- Vérifier les deux têtes des bras du Pick & place.	2 W	
- Vérifier que le Pick&Place charge et place les pièces de plastique dans l'outil à une vitesse normale.	2 W	
- Démonter et changer les aiguilles doseuse si c'est nécessaire.	W	
- Vérifier tous les boulons de serrage de la machine.	S	
- Vérifier l'état de la tablette d'assemblage.	M	
Divers		
- Contôler la sécurité et la proproté de la machine.	W	
- Nettoyer les plaques Aluminum de support pièces.		

Electrique	Fréquence
- Contrôler le fonctionnement des moteurs électriques (ampérage,bruit, échauffement, ventilation...).	T
- Vérifier le Capteur optique qui sert à la détection de pièce sur le ruban.	2 W
- Vérifier le capteur de charge.	2 W
- Vérifier l'état des cartes électronique.	M
Vérifier l'état des câbles de la résistance.	M
Vérifier l'état des câbles et du capteur(court-circuit entre les câbles).	T
Vérifier l'état du capteur de fin course.	T
Mécanique/ Pneumatique	
- Contrôler l'état des flexibles et de l'étanchéité des raccords, Assurez vous qu'il n'y a pas une présence de fuite d'air.	M
Ajuster les paramètres de la pression et de la température dans le mécanisme du soudage	S
Réviser les paramètres d'alignement de la machine du soudage	M
Vérification par trimestre de l'état et du fixation du vérin	T
Vérification par trimestre de l'état du vérin.	T
Vérification mensuelle de la hauteur et de l'état des venteuses.	M
Vérification mensuelle de l'état de la courroie. Changement de la courroie (cas de l'usure).	M
Vérification par trimestre du fonctionnement du circuit pneumatique.	T
Lubrifier des roulements.	T
Nettoyer les accouplements des moteurs électrique. Et vérification leur état.	T
Vérifier l'état du support de la résistance.	T
Vérifier la fixation des mandrins.	S
Vérifier chaque semaine de l'état de l'aiguille.	S
- Vérifier que les manomètres indiquent les différentes pressions de la machine.	W
- Contrôler l'état de l'étanchéité des distributeurs.	M
- Vérifier que la bobine ne bouge pas lors de bobinage.	W
- Vérifier les niveaux du mandrin.	2 W
- Vérifier Liaison linéaire + chargeur (L'embouchure du vibreur doit être alignée avec le chargeur de telle sorte que les pièces ne soient pas obstruées a l'entrée et la ferrite ne se casse pas).	2 W
- Vérifier que le chargeur place les pièces dans les mandrins sans heurter dans les coins.	2 W
- Vérifier que le mouvement de recul du cylindre de charge se produit de manière progressive et non avec des tractions.	2 W
- Vérifier le bon fonctionnement des capteurs de vibreur.	W
- Vérifier le diamant de soudure	2 W
Nettoyer les freins et l'état de la roue de l'embrayage.	M
- Vérifier tous les boulons de serrage de la machine.	S
Divers	
- Contôler la sécurité et la proproté de la machine.	W

Bobineuse

INTERVENTION	FREQUENCE	
Electrique		
- Contrôler le fonctionnement des moteurs électriques (ampérage,bruit, échauffement, ventilation...). - Vérifier le moteur chargé du mouvement de la broche. - Vérifier la vitesse du moteur qui fait avancer le ruban.	M	
- Vérifier la fibre qui détecte les pièces mal positionnés sur la bande transporteuse.	2 W	
- Vérifier la fibre qui détecte la pièce à la fin de la bande transporteur.	2 W	
- Tester l'état des câbles et des capteurs.	2 W	
-Vérifier et calibrer la position des pics par rapport aux bobines dans la position de mesure.	W	
-Vérifier le bon fonctionnement de la fibre de détection et le souffleur (la pièce doit être centré sur l'écran déplacer la pièce d'aluminium si c'est nécessaire, en couvrant l'appareil photo avec la main le système doit éjecter la pièce.).	W	
Vérifier le système d'éclairage	T	
Nettoyage périodique de l'outil de montage	S	
Surveillance périodique du fonctionnement des capteurs	M	
-Nettoyer et calibrer les instruments de mesures de la ligne.	M	**Emballeuse**
Mécanique/ Pneumatique		
- Vérifier la broche avec laquelle la machine déplace les pièces d'une position a une autre.	M	
- Vérifier que les manomètres indiquent les différentes pressions de la machine.	W	
- Contrôler l'état des flexibles et de l'étanchéité des raccords, Assurez vous qu'il n'y a pas une présence de fuite d'air.	W	
- Contrôler l'état de l'étanchéité des distributeurs.	W	
- Vérifier le Pick&Place qui pose les pièces sur la bande.	M	
Vérifier la hauteur des deux venteuses	M	
Surveillier l'état des aiguilles de mesure	M	
Vérifier le fonctionnement du moteur(bruit, échauffement)	M	
Réviser et ajusteer des P&P	M	
Inclure étalonnage dans le plan de maintenance préventive	S	
- Vérifier tous les boulons de serrage de la machine.	S	
Divers		
- Contôler la sécurité et la proproté de la machine.	W	
- Vérifier l'état de la bande transporteur,détecter les possibles ruptures ou rayures qui peuvent dégrader la bobine.	2 W	

INTERVENTION	FREQUENCE	
Electrique		
- Vérifier le niveau de détection du capteur de lumière qui détecte la pièce sur le ruban de moulage.	2 W	
- Vérifier le capteur de décharge du Pick&place.	2 W	
Vérifier l'état des câbles du capteur.	M	
Assurer du bon fonctionnement de l'amplificateur (precision,connexion...)	T	
Assurer le bon fonctionnement de fibre optique (Test des connectiques, alimentation...)	T	
- Vérifier l'état des cartes électronique.	M	
Mécanique/ Pneumatique		
- Contrôler l'état des flexibles et de l'étanchéité des raccords, Assurez vous qu'il n'y a pas une présence de fuite d'air.	M	
- Vérifier que les manomètres indiquent les différentes pressions de la machine.	W	Mouleuse
- Contrôler l'état de l'étanchéité des distributeurs.	M	
- Vérifier l'état des ventouses.	W	
- Vérifier l'état des guides linéaires qui se trouvent dans l'ensemble extracteur.	2 W	
Vérifier la pression dans le circuit pneumatique.	M	
Vérifier la hauteur de la venteuse et de son état.	M	
Purger le circuit pneumatique de l'injecteur de moulage	M	
Vérificatier l'état de la lampe.	T	
Surveillier le fonctionnement du four	M	
Vérifier l'état du système de séchage.	T	
- Vérifier tous les boulons de serrage de la machine.	S	
Divers		
- Le Four devrait être bien Nettoyé avec l'Alcoll après chaque usage.	W	
- Contôler la sécurité et la proproté de la machine.	W	

Tableau 3 : **Statistiques des échantillons**

N° d'échantillon	1	2	3	4	5	6	7	8	9	10	11	12	13	14	15	16	17	18	19	20
moyenne	2,63	2,64	2,62	2,64	2,67	4,00	2,68	2,67	2,70	2,70	2,64	2,63	2,66	2,60	2,62	2,65	2,64	4,20	2,66	2,67
Lnominal	2,66	2,66	2,66	2,66	2,66	2,66	2,66	2,66	2,66	2,66	2,66	2,66	2,66	2,66	2,66	2,66	2,66	2,66	2,66	2,66
Lsup	2,79	2,79	2,79	2,79	2,79	2,79	2,79	2,79	2,79	2,79	2,79	2,79	2,79	2,79	2,79	2,79	2,79	2,79	2,79	2,79
Linf	2,5	2,5	2,5	2,5	2,5	2,5	2,5	2,5	2,5	2,5	2,5	2,5	2,5	2,5	2,5	2,5	2,5	2,5	2,5	2,5
R(étendue)	0,12	0,13	0,1	0,12	0,14	3,2	0,15	0,13	0,17	0,15	0,17	0,12	0,14	0,13	0,2	0,14	0,17	2,3	0,22	0,2

Limites de contrôle de la carte des moyennes	
LCS=Xbarbar+A2*Rbar	3,03257
LCI=Xbarbar-A2*Rbar	2,55943
LC=Xbarbar	2,796

Limites de contrôle de la carte des étendues	
LCSR=D4*Rbar	0,8672
LCIR=D3*Rbar	0
LCR=Rbar	0,41

Avec:	
Xbarbar	2,796
Rbar	0,41
A2	0,577
D3	0

Tableau 4 : **Nouvelles statistiques des échantillons**

N° d'échantillon	1	2	3	4	5	6	7	8	9	10	11	12	13	14	15	16	17	18	19	20
moy	2,63	2,64	2,62	2,66	2,64	2,67	2,68	2,67	2,70	2,70	2,64	2,63	2,66	2,66	2,60	2,62	2,65	2,64	2,66	2,67
Lnominal	2,66	2,66	2,66	2,66	2,66	2,66	2,66	2,66	2,66	2,66	2,66	2,66	2,66	2,66	2,66	2,66	2,66	2,66	2,66	2,66
Lsup	2,79	2,79	2,79	2,79	2,79	2,79	2,79	2,79	2,79	2,79	2,79	2,79	2,79	2,79	2,79	2,79	2,79	2,79	2,79	2,79
Linf	2,5	2,5	2,5	2,5	2,5	2,5	2,5	2,5	2,5	2,5	2,5	2,5	2,5	2,5	2,5	2,5	2,5	2,5	2,5	2,5
R	0,12	0,13	0,1	0,12	0,14	0,14	0,15	0,13	0,17	0,15	0,17	0,12	0,14	0,13	0,2	0,14	0,17	0,14	0,22	0,2

Limites de contrôle de la carte des moyennes	
LCS=M+A2*Rbar	2,737661111
LCI=M-A2*Rbar	2,564561111
LC=M	2,651111111

Limites de contrôle de la carte des étendues	
LCSR=D4*Rbar	0,31725
LCIR=D3*Rbar	0
LCR=Rbar	0,15

Calcul des probabilités	
Cp=Ts-Ti/6s	1,762964401
Cpk=min{(Ts-M/(3s);M-Ti/(3s)}	1,688663219

Avec:	
M	2,651111111
Rbar	0,15
A2	0,577
D3	0
D4	2,115
Ts	2,79
Ti	2,5
Ecart type (S)	0,02741594

Tableau 5 : AMDEC machine des machines de la ligne 1103

Agrafeuse

Système ou élément		Défaillance		Causes	Criticité = C				Action à engager	Résultats			
RefPR	Description	Modes	Effets		F	D	G	C = Fx Dx G		F	D	G	Nouvelle Criticité
ECDQ2B32-10D	Vérin	mouvement avec jeu	mal positionnement du plastique	fréquence du mouvement	1	1	2	2	Vérification à chaque trimestre de la fixation du vérin.	1	1	2	2
ECDQ2B40-15D	Vérin	mouvement avec jeu	mal positionnement du plastique	fréquence du mouvement	1	1	2	2	Vérification à chaque trimestre de la fixation du vérin.	1	1	2	2
GRAP-1	Sufridera móvil	usure	découpage de l'étain non précis	frottement	1	2	2	4	Vérification par trimestre de l'état de la pièce . Changement de la pièce (cas d'augmentation du taux de scrap).	1	1	2	2
GRAP-2	Lanzadera lateral grapa	usure	plastique n'est pas bien agrafé	choc	1	2	2	4	Vérification par trimestre de l'état de la pièce . Changement de la pièce (cas d'augmentation du taux de scrap).	1	1	2	2
GRAP-3	Macho cortador de grapa	usure/cassure	plastique n'est pas bien agrafé	frottement	2	2	2	8	Vérification par trimestre de l'état de la pièce . Changement de la pièce (cas d'augmentation du taux de scrap).	1	1	2	2
GRAP-4	Sufridera fija	usure	plastique mal positionnée	frottement avec la brosse	1	2	2	4	Vérification par trimestre de l'état de la pièce . Changement de la pièce (cas d'augmentation du taux de scrap).	1	1	2	2
GRAP-5	Insertadores	usure/cassure	difficulté à éjecter le plastique après l'agrafage	fatigue/choc	1	2	2	4	Vérification par trimestre de l'état de la pièce . Changement de la pièce (cas d'augmentation du taux de scrap).	1	1	2	2

Code	Composant	Mode de défaillance	Effet	Cause	G	O	D	C	Action	G	O	D	C
GRAP-6	Guías verticales	usure	découpage de l'étain non précis	frottement	1	2	2	4	Minimiser le plus possible le frottement (lubrification mensuelle).	1	1	2	2
GRAP-7	matriz corte hilo salida brida	usure	plastique n'est pas bien agrafé	frottement	1	2	2	4	Minimiser le plus possible le frottement (lubrification mensuelle). Nettoyage par trimestre de la matrice.	1	1	2	2
GRAP-8	matriz corte hilo entrada	usure	plastique n'est pas bien agrafé	frottement	1	2	2	4	Minimiser le plus possible le frottement (lubrification mensuelle). Nettoyage par trimestre de la matrice.	1	1	2	2
GRAP-9	Cuchillas empujadores	usure/cassure	coupage imprécis ou impossible des filets de l'étain	fatigue/choc	2	1	2	4	Vérification chaque 2 semaines de l'état des Lames. Changement de type du matériau de la pièce d'après le fournisseur.(matériau plus rigide).	1	1	2	2
MXQ12-30A	Mesa pneumática	mouvement avec jeu	mal positionnement du plastique	fréquence du fonctionnement	1	1	2	2	Vérification à chaque trimestre de la fixation du vérin.	1	1	2	2
MXQ12-50AS	Vérin	mouvement avec jeu	mal positionnement du plastique	fréquence du fonctionnement	1	1	2	2	Vérification à chaque trimestre de la fixation du vérin.	1	1	2	2
Z5E1-00-55L	Sensor de vacio	capteur grillé	plastique non détecté	frottement ou court circuit	2	2	2	8	Vérification mensuelle de l'état des câbles et du capteur(éliminer les causes des court-circuits).	1	1	2	2
EZM131HF-K5LOZ-E55L	Eyector de vacio	fuite d'air/ bobine grillée	pression basse / mécanisme en amont non fonctionnel	mauvais montage/dét érioration des joints / court circuit (Présence d'humidité)	1	2	2	4	Vérification mensuelle de l'état des joints. Nettoyer chaque trimestre le capteur.	1	1	2	2

Référence	Désignation	Mode de défaillance	Effet				Action				
E3X-DA8/E3X-NH41	Amplificador de fibra óptica	amplificateur grillé	capteur non fonctionnel / court circuit ou durée de vie	1	2	4	Vérification du fonctionnement de l'amplificateur chaque trimestre. S'il est grillé : changement de l'amplificateur.	1	1	2	2
RO-DRIVE 363-3M 518	Correa del motor del plato	usure/rupture	arrêt du mouvement du plateau / fatigue	1	2	2	Vérification mensuelle de l'état de la courroie. Changement de la courroie (cas de l'usure).	1	1	2	2
SY3140-5LOU-Q	Electroválvula de bloque	fuite d'air/ bobine grillée	pression non adéquate / mauvais montage/détérioration mécanisme en amont / non fonctionnel des joints / court circuit (Présence d'humidité)	1	2	4	Vérification de l'installation du montage chaque 2 semaine. La mise des régulateurs de pression au niveau des circuits pneumatiques.	1	1	2	2

Assembleuse

Système ou élément		Défaillance			Criticité = C				Action à engager	Résultats			
RefPR	Description	modes	effets	causes	F	D	G	C = FxDxG		F	D	G	Nouvelle Criticité
D-A73	Sensor cilindro MKB (amarre)	capteur grillé	vérin ne s'arrête pas à ses fins de course	(frottement) fatigue / court circuit	2	2	2	8	Vérification mensuelle de l'état des câbles et du capteur(éliminer les causes des court-circuit).	1	2	2	4
mxq12-100b	messa smc	mouvement avec jeu	défaut de charge des ferrites	vibration/fréquence du mouvement	1	1	2	2	Vérification par trimestre du fixation du vérin.	1	1	2	2
345.854 v 102.002.004.1.2	Ventosa	usure	difficulté à saisir les ferrites / ferrites endommagées	frottement permanent avec les ferrites	2	2	2	8	Vérification mensuelle de la hauteur et de l'état des deux venteuses. Changement de la venteuse (cas de l'usure);	1	2	2	4
Z5E1-00-55L	Sensor de vacío	capteur grillé	ferrite non détectée	frottement / court circuit	2	2	2	8	Vérification mensuelle de l'état des câbles et du capteur(éliminer les causes des court-circuits).	1	2	2	4
E3X-DA8/E3X-NH41	Amplificador de fibra óptica	pas d'amplification	erreur de détection du capteur à fibre optique	amplificateur grillé	1	2	2	4	Vérification du bon fonctionnement de l'amplificateur chaque trimestre. S'il est grillé : changement de l'amplificateur.	1	2	2	4
Fibra simple de 1mm	Fibra óptica	erreur de détection	ferrite non détectée	détérioration de la sensibilité	2	2	2	8	Vérification mensuelle du fonctionnement de capteur.	1	2	2	4
Tablettes	Support pièces	déformation / Usure	positionnement des ferrites non optimal / Décalage entre plastique-ferrite	échauffement répétitif dans le four / frottement permanent avec la ferrite	1	2	2	4	Vérification par trimestre de l'état de la tablette.	1	2	2	4

Bobineuse

Système ou élément		Défaillance			Criticité = C				Action à engager	Résultats			
RefPR	Description	modes	effets	causes	F	D	G	C = FxDxG		F	D	G	Nouvelle Criticité
CDQSB20-5D	Vérin smc	mouvement avec jeu	mal positionnement de la ferrite	fréquence du mouvement	1	1	2	2	Vérification par trimestre de l'état et du fixation	1	1	2	2
cdrb2bwu30-180s	cylindre rotatif sms grand	vérin ne s'arrête pas à ses fins de course	ferrite déposée du hors convoyeur	capteur de fin de course ne marche plus	1	1	2	2	Vérification par trimestre de l'état du capteur de fin course. Changement du capteur au cas du mal fonctionnement.	1	1	2	2
D-R731	Sensor cilindro giratorio izquierda	capteur grillé	arrêt de la bobineuse	(frottement) fatigue / court circuit	2	2	2	8	Vérification mensuelle de l'état des câbles et du capteur(court-circuit entre les câbles).	1	2	2	4
D-R732	Sensor cilindro giratorio derecha	capteur grillé	arrêt de la bobineuse	(frottement) fatigue / court circuit	2	2	2	8	Vérification mensuelle de l'état des câbles et du capteur(toute cause de court-circuit).	1	2	2	4
KFRE002AP004A	Resistencia soldador: DIAMETER: 1/4" -0.003" LENG	Résistance grillé	impossible de souder la bobine	court circuit entre les files de la résistance /mauvais montage	2	2	2	8	Vérification mensuelle des câbles de la résistance. Changement de la résistance au cas du grillage.	2	2	2	8
MXS20-20A	vérin	mouvement avec jeu	emplacement de la soudure non optimal	fréquence du mouvement	1	1	2	2	Vérification par trimestre de l'état du vérin.	1	1	2	2
SM2	Ventosas	détérioration de la forme de la venteuse	Difficulté à saisir la bobine	échauffement à cause du contact avec la bobine	2	2	2	8	Vérification mensuelle de la hauteur et de l'état des venteuses. Changement du venteuse (cas de l'usure);	1	2	2	4

112

Référence	Désignation	Mode	Cause	Effet	G	F	D	NPR	Action	G	F	D	NPR
T-5-420-10	Correa capeado	usure	glissement et perturbation du mouvement des mandrilles	fatigue	2	1	2	4	Vérification mensuelle de l'état de la courroie. Changement de la courroie (cas de l'usure).	1	1	2	2
T-5-545-10	Correa bobinado	usure	glissement et perturbation du mouvement des mandrilles	fatigue	2	1	2	4	Vérification mensuelle de l'état de la courroie. Changement de la courroie (cas de l'usure).	1	1	2	2
EZM131HF-K5LOZ-E55L	Eyector de vacio	fuite d'air/ bobine grillée	Pression basse / mécanisme en amont non fonctionnel	mauvais montage/détérioration des joints / court circuit (Présence d'humidité)	1	2	2	4	Vérification par trimestre du fonctionnement du circuit pneumatique.	1	2	2	4
BOB-1	Eje bobinado	usure / (jeu) / cassure	Axe non coaxiaux / bobinage non conforme	fatigue / coincement du roulement	1	1	2	2	Nettoyage du pièce par trimestre. Lubrification des roulements.	1	1	2	2
E2EG-X1R5B1-M1 3H M8 1.5mm PNP NA	Sensor inductivo del cierre de mandriles	capteur grillé	arrêt de la bobineuse	court circuit / fatigue	2	2	2	8	Vérification mensuelle de l'état des câbles et du capteur(Eliminer les causes de court-circuit).	1	2	2	4
SIENM5BP 5KL	Sensor inductivo de carga M5	capteur grillé	arrêt de la bobineuse	court circuit / fatigue	2	2	2	8	Vérification mensuelle de l'état des câbles et du capteur(Eliminer les causes de court-circuit).	1	2	2	4

Code	Composant	cassure	impossible de bobiner la ferrite	vibration/échauffement					Vérification				
TK-148-S	Aguja para bobinar	cassure	impossible de bobiner la ferrite	vibration/éc hauffement	2	2	2	8	Vérification chaque semaine de l'état de l'aiguille. Changement de l'aiguille au cas de cassure.	1	2	2	4
MOL-16	Acoplamiento eje capeado	Défaillance du système d'accouplement	Mauvaise transmission	fatigue /désalignement	1	1	2	2	Vérification de l'état des accouplements chaque trimestre.	1	1	2	2
E3X-DA8/E3X-NH41	Sensor cilindro giratorio derecha	capteur grillé	blocage des ferrites sur le vibrador	frottement répétitif avec la bobine	1	2	2	4	Vérification mensuelle de l'état des câbles et du capteur(Éliminer les causes de court-circuit).	1	2	2	4
BOB-2	Sensor cilindro giratorio izquierda	capteur grillé	blocage des ferrites sur le vibrador	frottement répétitif avec la bobine	2	2	2	8	Vérification mensuelle de l'état des câbles et du capteur(Éliminer les causes de court-circuit).	1	2	2	4
BOB-3	Sensor cinta transportadora	capteur grillé	blocage des ferrites sur le vibrador	frottement répétitif avec la bobine	1	1	2	2	Vérification mensuelle de l'état des câbles et du capteur(Éliminer les causes de court-circuit).	1	1	2	2
345.854 V 102.002.004.1.2	Mesa antigua de cierre de eje	mouvement incliné par rapport à l'horizontale	blocage du vérin	fréquence du mouvement	2	2	2	8	Vérification mensuelle de l'état des câbles et du capteur. Nettoyage mensuelle de support de capteur (Éliminer les causes de court-circuit).	1	2	2	4
SY3140-5LOU-Q	Mesa de soldadura	mouvement avec jeu	mal positionnement de la soudure	fréquence du mouvement	1	2	2	4	Vérification par trimestre de l'état du support de la résistance.	1	2	2	2
LHSH2-SA-50S-Q	Mandriles (según formato)	usure	positionnement non optimal de la bobine	frottement permanent avec la bobine	1	1	2	2	Vérifier la fixation des mandrins.	1	1	2	2
DR	diamanda redonda	usure	soudage imprécis	frottement permanent avec la bobine	1	1	2	2	Vérification de l'état de l'aiguille.	1	1	2	2

114

Mouleuse

Système ou élément		Défaillance			Criticité = C				Action à engager	Résultats			
RefPR	Description	modes	effets	causes	F	D	G	C = FxDxG		F	D	G	Nouvelle Criticité
MXH10-5	Mesa pneumática	mouvement avec jeu	défaut de charge des bobines	vibration/fréquence du mouvement	1	1	2	2	Vérification par trimestre du fonctionnement du vérin.	1	1	2	2
345.854 v 102.002.004.1.2	Ventosa	usure	difficulté à saisir la bobine	frottement	2	2	2	8	Vérification mensuelle de la hauteur de la venteuse et de son état. Changement de la venteuse (cas de l'usure);	1	2	2	4
Z5E1-00-55L	Sensor de vacio	capteur grillé	bobine non détecté	frottement	2	2	2	8	Vérification mensuelle de l'état des câbles et du capteur (Éliminer les causes des court-circuits).	1	1	2	2
E3X-DA8/E3X-NH41	Amplificador de fibra óptica	pas d'amplification	erreur de détection du capteur à fibre optique	amplificateur grillé	1	2	2	4	Vérification du bon fonctionnement de l'amplificateur chaque trimestre.tr' S'il est grillé : changement de l'amplificateur.	1	2	2	4
Fibra simple de 1mm	Fibra óptica	erreur de détection	bobine non détectée	détérioration de la sensibilité	2	2	2	8	Vérification du bon fonctionnement de fibre optique chaque trimestre. S'il est grillé : changement de la fibre optique.	1	2	2	4
	Aguja simple	quantité de la résine éjectée non optimale	impossible de bobiner la ferrite	bulle d'air à l'intérieur de l'aiguille	2	2	2	8	Vérification mensuelle de la pression dans le circuit pneumatique.	1	2	2	4
LAMP 4in.ARC (DR. HONLE) UVH 102 SERIAL #:522755 411070	Lámpara ultravioleta	Lampe grillée	moulage non précis	échauffement	1	2	2	4	Vérification par trimestre de l'état de la lampe.	1	2	2	4

Test électrique & Emballeuse

Système ou élément		Défaillance			Criticité C			C = Fx Dx G	Action à engager	Résultats F	D	G	Nouvelle Criticité
RefPR	Description	modes	effets	causes	F	D	G						
345.854 102.002.004.1.2 (50NBR) V	VENTOSAS PICK&PLACES	usure	difficulté à saisir la bobine	frottement	2	2	2	8	Vérification mensuelle de la hauteur des deux venteuses; Changement du venteuse (cas de l'usure)	1	1	2	2
GKS-075-214-064-A-1000	PUNTAS DE MEDIDA	cassure/fissure	valeurs des mesures non exactes	frottement	2	2	2	8	Changement des aiguilles de mesure; Surveillance de l'état des aiguilles de mesure	1		2	2
CRBU2JP	Moteur de positionnement des pièces	grillage	les bobines ne parviennent pas à l'emballeuse	surcharge/échauffement	1	2	2	4	Vérification mensuelle du fonctionnement du moteur(bruit, échauffement)	1	2	2	2
2140.937-61.112-050	Moteur Maxon du convoyeur	grillage	les bobines ne parviennent pas à puntas medidas	surcharge/échauffement	2	2	2	8	Vérification mensuelle du fonctionnement du moteur(bruit, échauffement)	1	2	2	2

La liste des figures

GKS 075
ICT-/FCT Test Probe

Mounting and Functional Dimensions

GKS-075

GKS-075 L

Available Tip Styles

Mechanical Data
Working Stroke: 4.3 mm (.169)
Maximum Stroke: 6.35 mm (.250)
Spring force at Work. Stroke: 2.0 N (7.2oz)
alternative: 0.6 N (2.2oz); 1.0 N (3.6oz); 1.5 N (5.4oz); 2.8 N (10.1oz)

Materials
Plunger: BeCu or Steel, gold-plated
Barrel: Nickel-Silver or Bronze, gold-plated
Spring: Steel, gold-plated or Stainless Steel** (C)

Operating Temperature
Standard: -40° up to +80° C
**with Special Designation "C": -100° up to +200°C (2.0 N; 2.8 N)
C-Versions only available for GKS-075 with total length 33.1 mm (1.303)

Electrical Data
Current Rating: 3 - 4 A
Rj typical: < 20 mΩ (** > 100 mΩ)

Ordering Example

Test Probe with total Length 33.1 mm (1.303):
Test Probe with total Length 35.1 mm (1.382):

Figure 2: **Fiche technique de la nouvelle aiguille de mesure du test électrique**

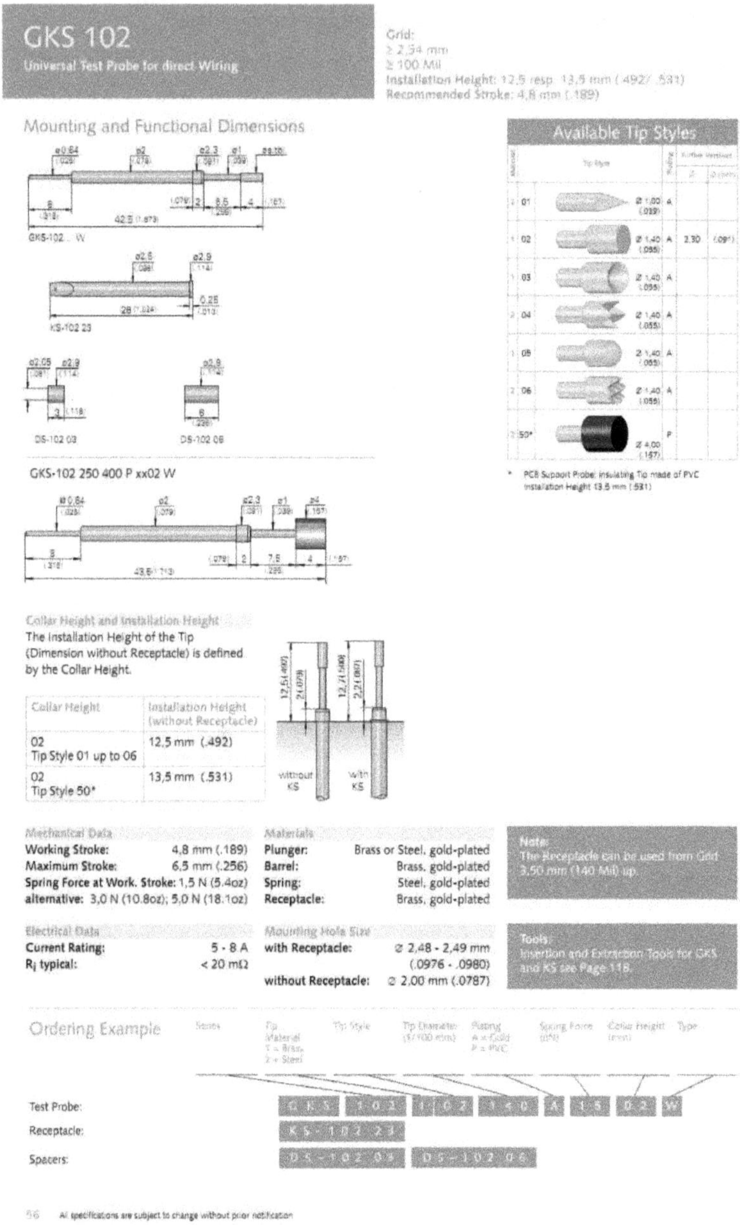

GKS 102
Universal Test Probe for direct Wiring

Grid:
≥ 2,54 mm
≥ 100 Mil
Installation Height: 12,5 resp. 13,5 mm (.492/.531)
Recommended Stroke: 4,8 mm (.189)

Mounting and Functional Dimensions

GKS-102 .. W

KS-102 23

DS-102 03   DS-102 06

GKS-102 250 400 P xx02 W

Available Tip Styles

Material	Tip Style	Radius		
01		∅ 1,00 (.039)	A	
02		∅ 1,40 (.055)	A	2,30 (.09")
03		∅ 1,40 (.055)	A	
04		∅ 1,40 (.055)	A	
05		∅ 1,40 (.055)	A	
06		∅ 1,40 (.055)	A	
50*		∅ 4,00 (.157)	P	

* PCB Support Probe: Insulating Tip made of PVC
Installation Height 13,6 mm (.531)

Collar Height and Installation Height
The Installation Height of the Tip
(Dimension without Receptacle) is defined
by the Collar Height.

Collar Height	Installation Height (without Receptacle)
02 Tip Style 01 up to 06	12,5 mm (.492)
02 Tip Style 50*	13,5 mm (.531)

without KS   with KS

Mechanical Data
Working Stroke: 4,8 mm (.189)
Maximum Stroke: 6,5 mm (.256)
Spring Force at Work. Stroke: 1,5 N (5.4oz)
alternative: 3,0 N (10.8oz); 5,0 N (18.1oz)

Materials
Plunger: Brass or Steel, gold-plated
Barrel: Brass, gold-plated
Spring: Steel, gold-plated
Receptacle: Brass, gold-plated

Note:
The Receptacle can be used from Grid 3,50 mm (140 Mil) up.

Electrical Data
Current Rating: 5 - 8 A
Ri typical: < 20 mΩ

Mounting Hole Size
with Receptacle: ∅ 2,48 - 2,49 mm (.0976 - .0980)
without Receptacle: ∅ 2,00 mm (.0787)

Tools:
Insertion and Extraction Tools for GKS and KS see Page 118.

Ordering Example

Series | Tip Material 1 = Brass 2 = Steel | Tip Style | Tip Diameter (x1000 mm) | Plating A = Gold P = PVC | Spring Force (N) | Collar Height (mm) | Type

Test Probe: GKS - 102 1 02 140 A 15 02 W
Receptacle: KS - 102 23
Spacers: DS - 102 03   DS - 102 06

56   All specifications are subject to change without prior notification

118

Figure 3: **Description de la politique de gestion actuelle**

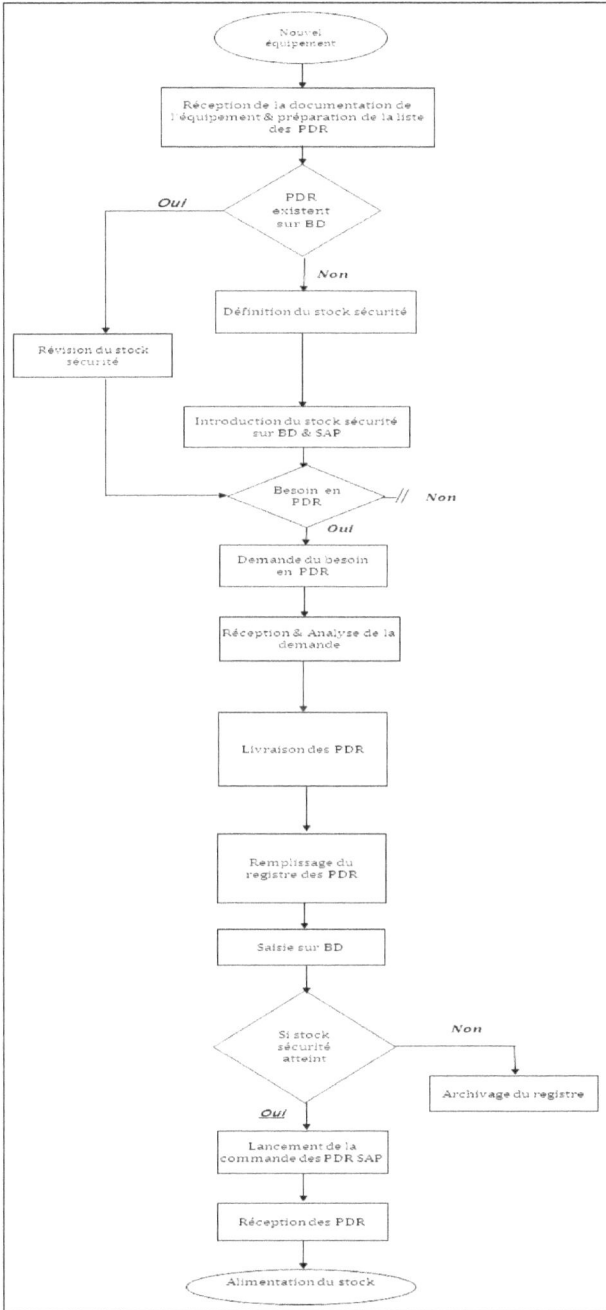

Figure 4: **Spécification technique des machines de la ligne 1103**

BOBINEUSE		
Constructeurs		• OZMA • PREMO
Effectif		60
Alimentation électrique		220V 50Hz Monophasé
Consommation estimée		700W
Alimentation pneumatique		6-8 bars
Dimensions (Longueur x Largeur x Hauteur)		0.7m x 1m x 1.5m
Poids		120 Kg

AGRAFEUSE	
Constructeurs	PREMO
Effectif	3
Alimentation électrique	380V 50Hz Triphasé
Consommation estimée	1kW
Alimentation pneumatique	6 bars
Dimensions (Longueur x Largeur x Hauteur)	1m x 1m x 1m
Poids	200 Kg

ASSEMBLEUSE	
Constructeurs	PREMO
Effectif	3
Alimentation électrique	220V 50Hz Monophasé
Consommation estimée	3300W
Alimentation pneumatique	6 bars
Dimensions (Longueur x Largeur x Hauteur)	1.7m x 1.2m x 2m
Poids	300

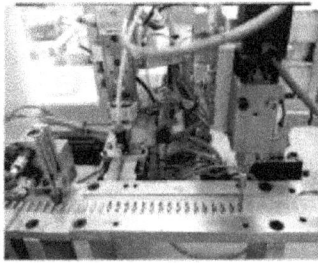

Mouleuse	
Constructeurs	PREMO
Effectif	2
Alimentation électrique	24 V Continu
Consommation estimée	100 W
Alimentation pneumatique	6 bars
Dimensions (Longueur x Largeur x Hauteur)	1.00m x 1.15m x 1.25m
Poids	60Kg

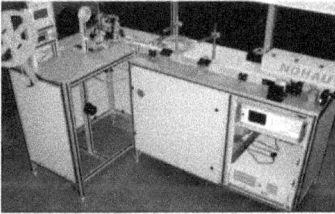

EMBALLEUSE	
Constructeurs	NOHAU
Effectif	8
Alimentation électrique	220V 50Hz Monophasé
Consommation estimée	1400W
Alimentation pneumatique	5 bars
Dimensions (Longueur x Largeur x Hauteur)	
Poids	220V 50Hz Monophasé

Liste des commandes du HIPOT TESTER CHROMA

Tableau : **Liste des principales commandes du HIPOT TESTER CHROMA :**

Commandes	Description
: SOURce: SAFEty: STARt	Cette commande démarre le test
: SOURce: SAFEty: STOP	Cette commande arrête le test
: SOURce: SAFEty: STATus?	Cette commande retourne le statut d'exécution courant (RUNNING OU
:SOURce: SAFEty: RESult:ALL:	Cette commande retourne les résultats de
:SOURce:SAFEty:RESult: AREPort:JUDGment:MESsage	Cette commande retourne le résultat à la fin du test (PASS OU FAIL)
: SOURce: SAFEty: STEP: DELete	Cette commande supprime l'étape saisie.
: SOURce: SAFEty: STEP: AC: LEVel : SOURce: SAFEty: STEP: DC: LEVel : SOURce: SAFEty: STEP: IR: LEVel	Ces commandes permettent la saisie de la tension du test.
: SOURce: SAFEty: STEP: AC:LIMit: HIGH : SOURce: SAFEty: STEP: DC: LIMit: HIGH	Ces commandes règlent la valeur maximale permise.
: SOURce: SAFEty: STEP: AC: LIMit: LOW : SOURce: SAFEty: STEP: DC: LIMit: LOW	Ces commandes règlent la valeur minimale permise.
: SOURce: SAFEty: STEP: AC: TIME: RAMP : SOURce: SAFEty: STEP: DC: TIME: RAMP	Ces commandes permettent la saisie du temps de monté de la tension.
: SOURce: SAFEty: STEP: AC: TIME: TEST : SOURce: SAFEty: STEP: DC: TIME: TEST	Ces commandes permettent la saisie du temps nécessaire au test.
: SOURce: SAFEty: STEP: AC: TIME: FALL : SOURce: SAFEty: STEP: DC: TIME: FALL	Ces commandes permettent la saisie de la durée de la chute de tension vers une valeur nulle.
:SOURce:SAFEty:STEP:AC:CHANnel: HIGH :SOURce:SAFEty:STEP:DC:CHANnel: HIGH	Ces commandes fixent le statut des sorties choisies au niveau haut.
:SOURce: SAFEty:STEP:AC:CHANnel: LOW :SOURce:SAFEty:STEP:DC:CHANnel: LOW	Ces commandes fixent le statut des sorties choisies au niveau bas.

Programmes permettant l'automatisation du banc de test

Programme 1 : **Configuration du HIPOT TESTER CHROMA « monophasé » :**

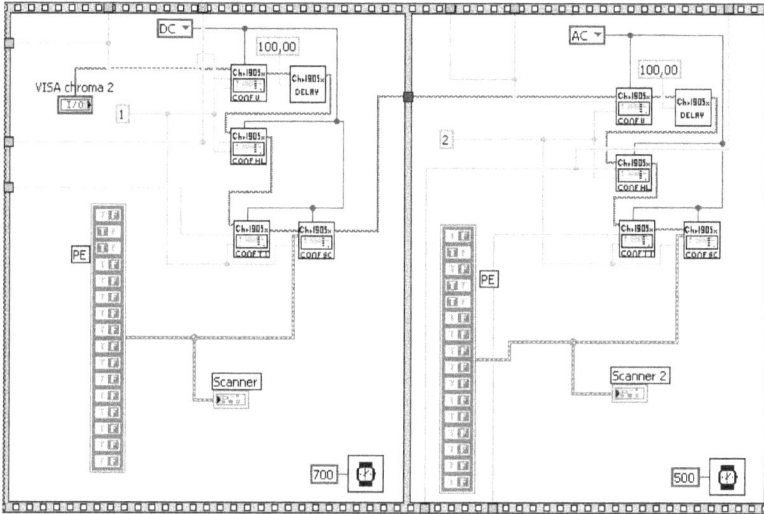

Programme 2 : **Les outils de configuration du HIPOT TESTER CHROMA :**

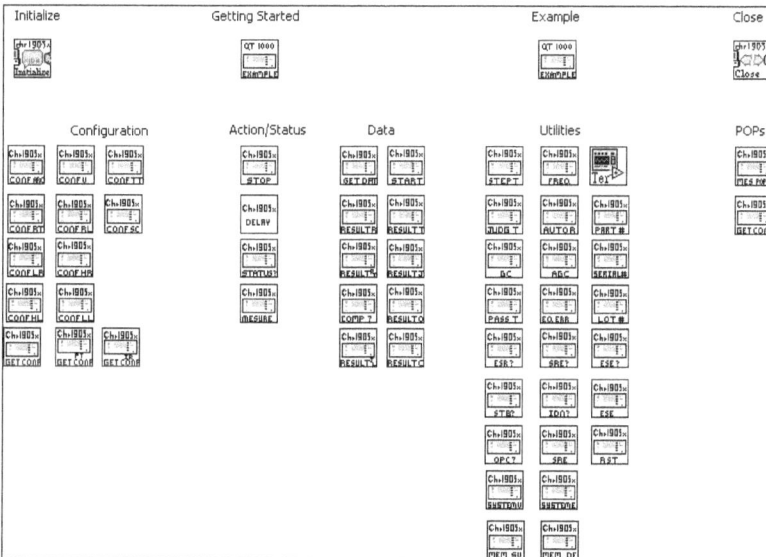

Programme 3 : **Importation des données de l'Access :**

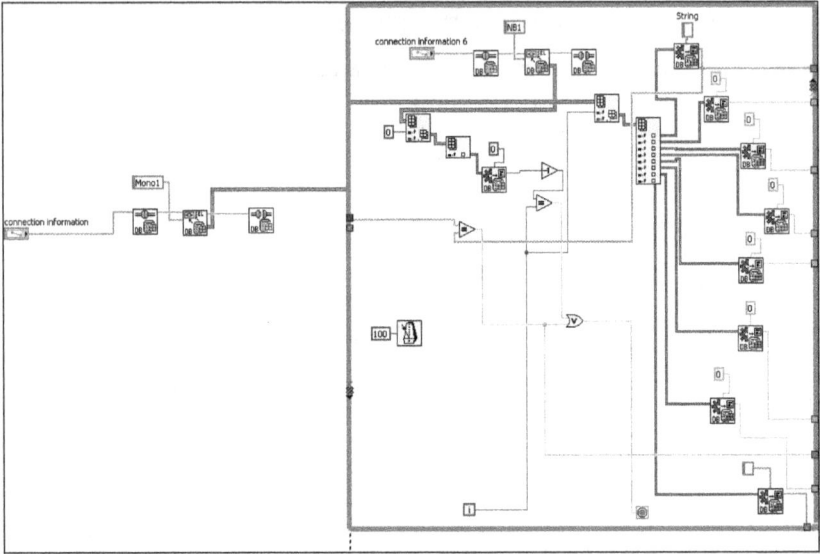

Programme 4 : **Transmission des données vers l'Access pour garder la traçabilité:**

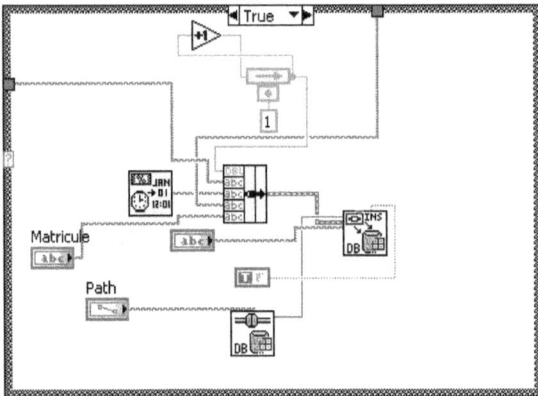

Programme 5 : **Déclenché le test via RS232 :**

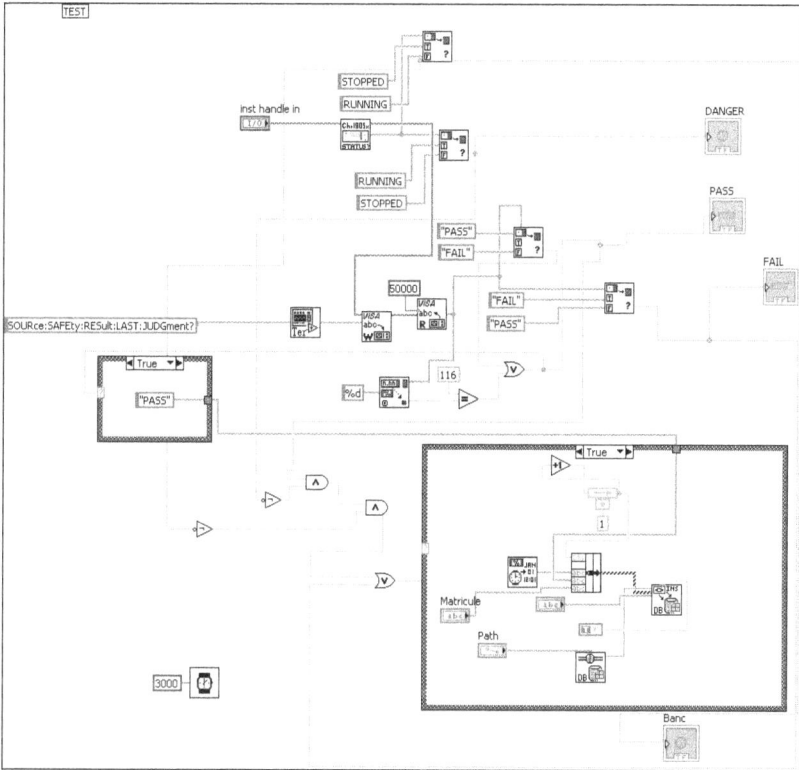

Programme 6 : **Transmission de l'état de HIPOT TESTER CHROMA**

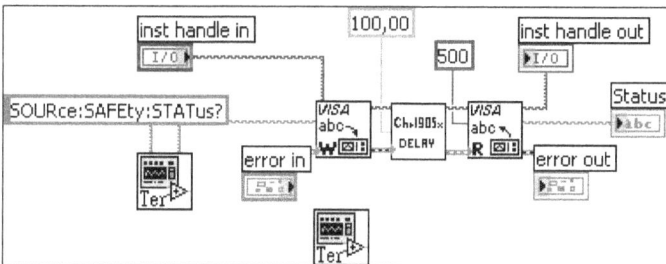

Programme 7 : **Configuration de HIPOT TESTER CHROMA «Triphasé»**

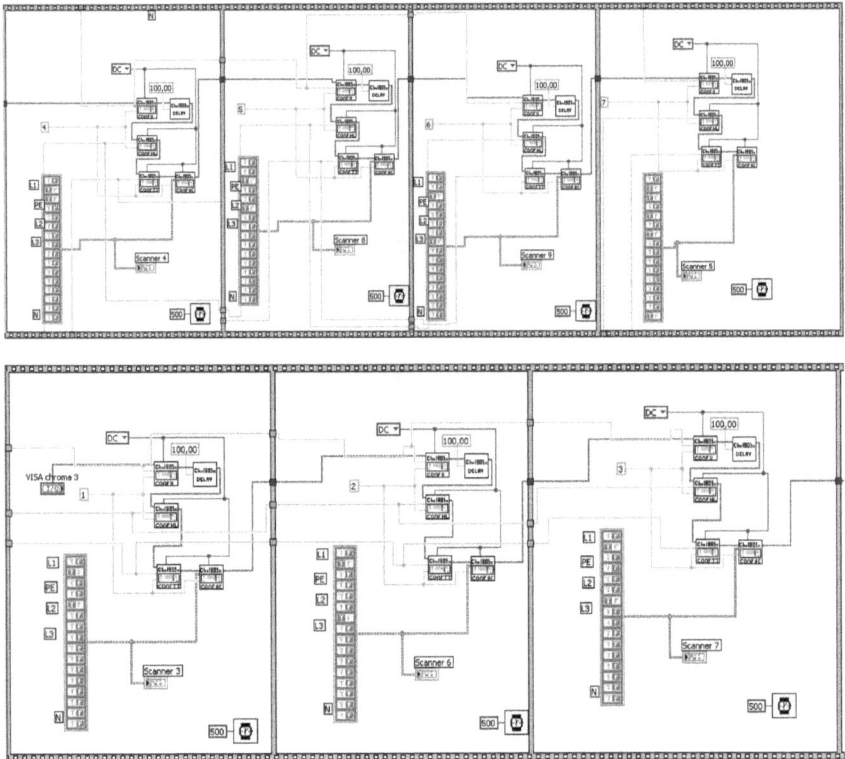

Les figures du Banc de test

Figure 1: **Conception du bouton poussoir lié à la résistance de décharge**

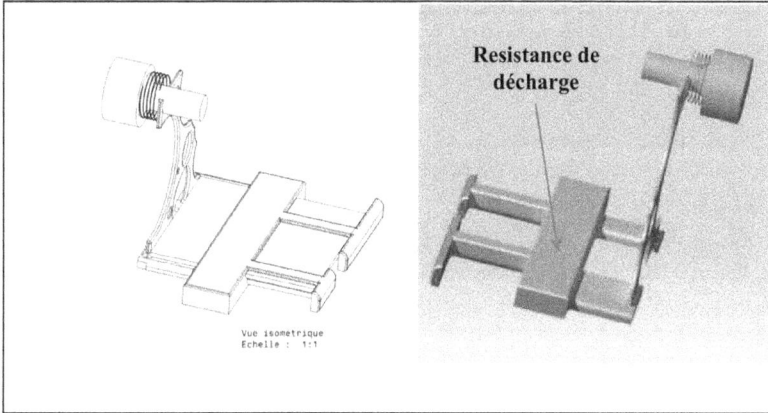

Figure 2: **Branchement des micro switch en vue de sécuriser le banc de test et les pinceaux crocodiles.**

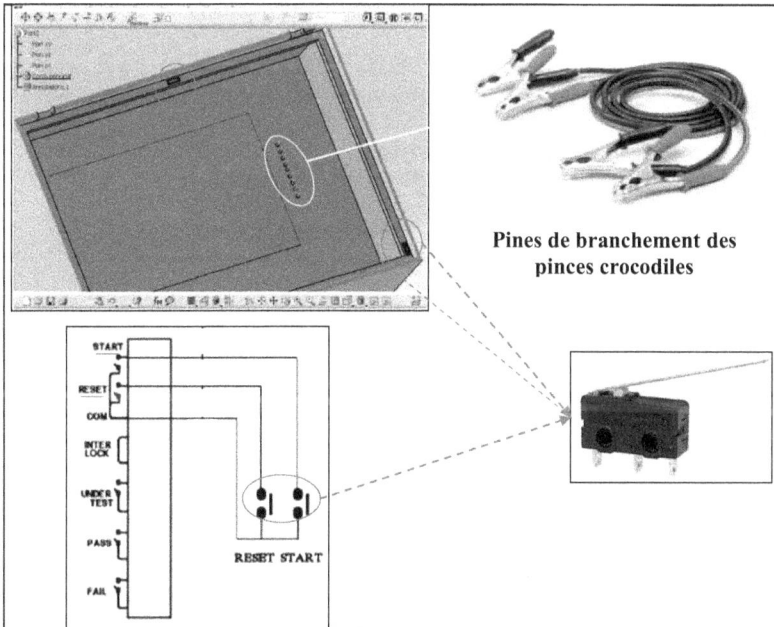

Figure 3: **La forme du banc de test en 3D.**

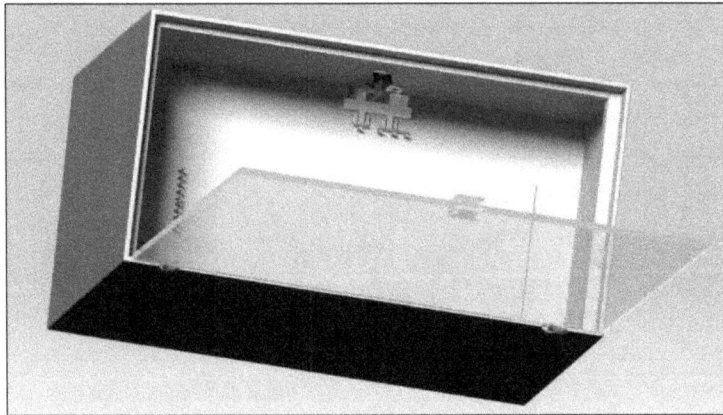

Figure 4: **Evolution dans le temps de la procédure du test de la rigidité électrique.**

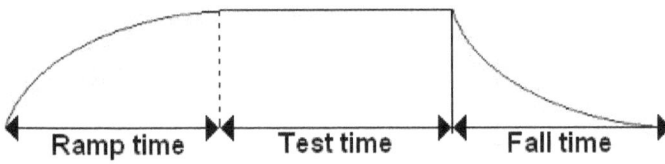

Ramp time | Test time | Fall time

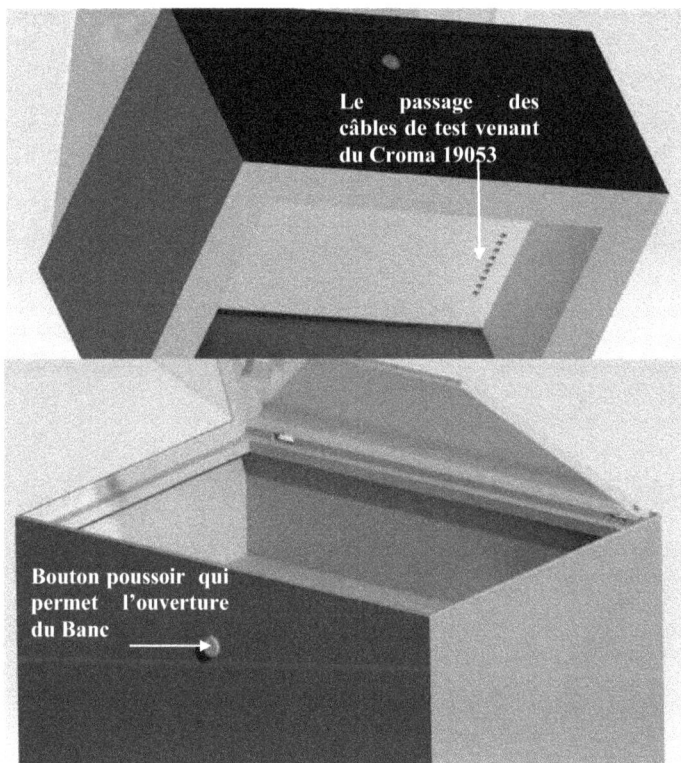

Figure 6: **Exemple de DATA SHEET du filtre FB-2Z.**

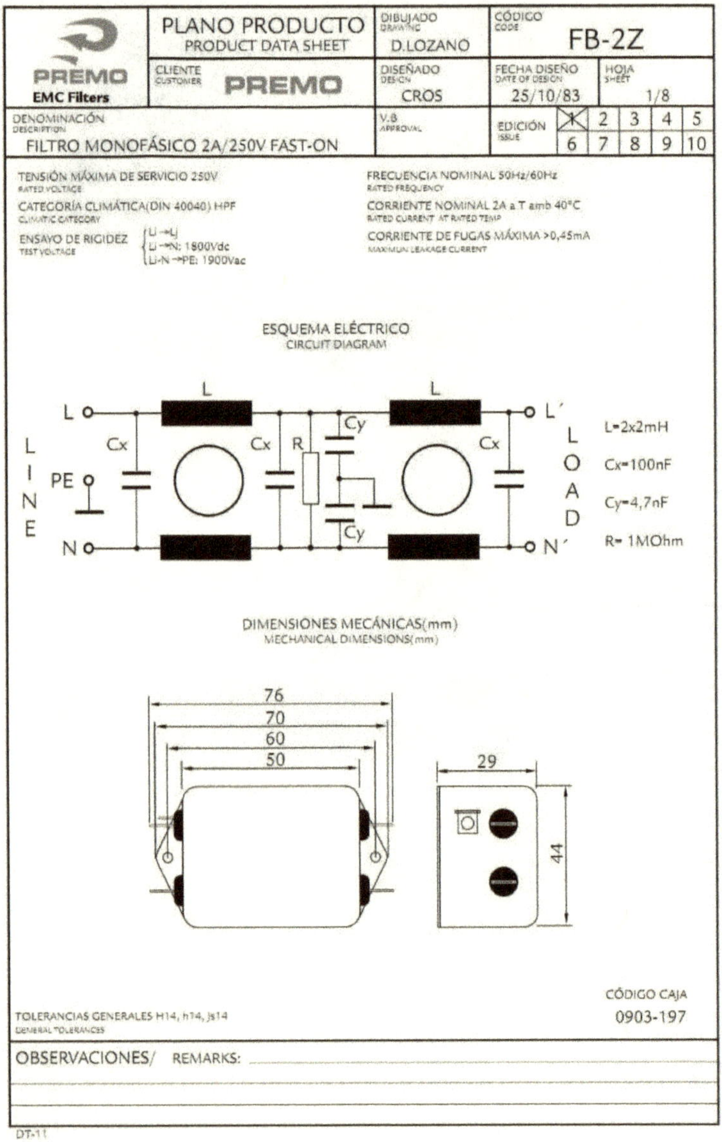
PREMO
EMC Filters
PLANO PRODUCTO
PRODUCT DATA SHEET
DIBUJADO
DRAWING
D.LOZANO
CÓDIGO
CODE
FB-2Z
CLIENTE
CUSTOMER
PREMO
DISEÑADO
DESIGN
CROS
FECHA DISEÑO
DATE OF DESIGN
25/10/83
HOJA
SHEET
1/8
DENOMINACIÓN
DESCRIPTION
FILTRO MONOFÁSICO 2A/250V FAST-ON
V.B
APPROVAL
EDICIÓN
ISSUE
1 2 3 4 5
6 7 8 9 10
TENSIÓN MÁXIMA DE SERVICIO 250V
RATED VOLTAGE
CATEGORÍA CLIMÁTICA(DIN 40040) HPF
CLIMATIC CATEGORY
ENSAYO DE RIGIDEZ
TEST VOLTAGE
Li →Lj
Li →N: 1800Vdc
Li-N →PE: 1900Vac
FRECUENCIA NOMINAL 50Hz/60Hz
RATED FREQUENCY
CORRIENTE NOMINAL 2A a T amb 40°C
RATED CURRENT AT RATED TEMP
CORRIENTE DE FUGAS MÁXIMA >0,45mA
MAXIMUN LEAKAGE CURRENT
ESQUEMA ELÉCTRICO
CIRCUIT DIAGRAM
L
L
L
Cx
Cx
R
Cy
Cy
Cx
PE
N
L'
N'
LINE
LOAD
L=2x2mH
Cx=100nF
Cy=4,7nF
R= 1MOhm
DIMENSIONES MECÁNICAS(mm)
MECHANICAL DIMENSIONS(mm)
76
70
60
50
29
44
CÓDIGO CAJA
0903-197
TOLERANCIAS GENERALES H14, h14, js14
GENERAL TOLERANCES
OBSERVACIONES/ REMARKS:
DT-11

PREMO EMC Filters	**DATOS TÉCNICOS DE VERIFICACIÓN** TEST TECHNICAL DATA	DIBUJADO DRAWING D.LOZANO	CÓDIGO CODE FB-2Z	
	CLIENTE CUSTOMER PREMO	DISEÑADO DESIGN CROS	FECHA DISEÑO DATE OF DESIGN 25/10/83	HOJA SHEET 5/7
DENOMINACIÓN DESCRIPTION FILTRO MONOFÁSICO 2A/250V FAST-ON		V.B APPROVAL	EDICIÓN ISSUE	☒1 2 3 4 5 / 6 7 8 9 10

Nº	MEDIDA *MEASUREMENT*	ENTRE *BETWEEN*	EQUIPO *EQUIPMENT*	FRECUENCIA *FREQUENCY*	TENSIÓN *VOLTAGE*	MÍNIMA *MINIMUM*	NOMINAL *NOMINAL*	MÁXIMA *MAXIMUM*
1	RESISTENCIA RESISTANCE	Li Y Lj Li Y N		DC		0,9MOhm	1MOhm	1,1MOhm
2	CAPACIDAD CAPACITY	Li Y Lj	WAYNE KERR 3245	1 KHz	350 mVac			
		Li Y N	WAYNE KERR 3245	1 KHz	350 mVac	240nF	300nF	360nF
		N Y M	WAYNE KERR 3245	1 KHz	350 mVac	4nF	5nF	6nF
		Li Y M	WAYNE KERR 3245	1 KHz	350 mVac	4nF	5nF	6nF
3	INDUCTANCIA INDUCTANCE	Li Y Li' N Y N'	WAYNE KERR 3245	15 KHz	350 mVac	2,8mH	4mH	6mH
		M Y M'		KHz	mVac			
		DIFERENCIA ENTRE BOBINADOS /*DIFFERENCE BETWEEN WOUNDS* <200μH						
4								

Nº	ENSAYO *TEST* (EQUIP.)	ENTRE *BETWEEN*	APLICAR *APPLY*	TIEMPO *TIME*	RESULTADO *RESULT*
5	RIGIDEZ DIELECTRICA *DIELECTRICAL STRENGTH*	Li/Lj			
		Li/N	1ªVERIF.:1200Vdc 2ªVERIF.:1700Vdc	2"	MAX.10mA
		Li-N/M Li-M	1ªVERIF.:1200Vac 2ªVERIF.:1800Vac	2"	MAX.10mA
6	CORRIENTE DE FUGA *LEAKAGE CURRENT*				
7	RESISTENCIA AISLAMIENTO *INSULATION RESISTANCE*	Li-N/M			
8					
9					
10	INSPECCIÓN VISUAL (medidas mecánicas, cables, marcaje, terminales, encapsulado, aspecto general, etc.)				
11	CONTINUIDAD *CONTINUITY*	L1-L1' ☒ L2-L2' ☐ L3-L3' ☐ N-N' ☒ M.line-M.load ☐ M-CARCASA ☒			
12					

PLAN DE VERIFICACIÓN	1ª VERIFICACIÓN	3	2	5	1M			
	2ª VERIFICACIÓN	5	11	10	3	2		

OBSERVACION: La repetición de las pruebas de rigidez dieléctrica pueden dañar el filtro.
REMARK: The repetition of the test of dielectrical strength can damage the filter.

DT-08

www.ingramcontent.com/pod-product-compliance
Lightning Source LLC
Chambersburg PA
CBHW021104210326
41598CB00016B/1314